Über dieses Buch Umweltschutz wird heute mehr denn je als rein technisches Problem betrachtet. Folgerichtig dominiert in kommunalen Abfallkonzepten millionenschwere Anlagentechnik, sei es Verbrennung, Deponie oder Großkompostierung. Kleine dezentrale Lösungen, wie Eigenkompostierung oder Gemeinschaftskompostierung, werden nicht gefördert. Dabei eröffnet sich gerade beim Biomüll aus Küche und Garten ein beträchtliches Verminderungspotential durch dezentrale Kompostierung. Neben abfallwirtschaftlichen und ökologischen Vorteilen bietet die Eigenkompostierung dem Privathaushalt einen Ansatzpunkt zu aktivem Umwelthandeln.

In diesem Band werden die Erfahrungen verschiedener erfolgreicher Projekte ausgewertet und als Grundlage zu Kosten/Nutzen-Abschätzungen für die vorgestellten Modelle verwendet. Die wichtigsten Kompostiersysteme werden vergleichend bewertet. Für die Gründung von Gemeinschaftskompostgruppen in privater oder kommunaler Initiative werden Anleitungen und Ablaufraster präsentiert. Das Buch richtet sich als Leitfaden für einen kreativen und eigenverantwortlichen Umgang mit unserem Biomüll an engagierte Bürger, Initiativen, Lokalpolitiker und Verwaltungskräfte.

Der Autor Frank Teubner, geb. 1959 in Mönchengladbach; Biologiestudium mit Schwerpunkt Ökologie in Bayreuth; Weiterbildung zum Umweltberater. Seit 1989 Mitarbeiter der Agentur *die Umweltberater GmbH* in Krefeld; Arbeitsschwerpunkte sind Konzeption, Projektbegleitung, Beratung und Schulung in den Bereichen Abfall und Kompostierung.

Frank Teubner

Selbst kompostieren

Leitfaden für eine
eigenverantwortliche
Abfallwirtschaft

Fischer
Taschenbuch
Verlag

fischer alternativ
Eine Reihe des Fischer Taschenbuch Verlags
Herausgegeben von Rudolf Brun

Originalausgabe
Veröffentlicht im Fischer Taschenbuch Verlag GmbH,
Frankfurt am Main, März 1992

Umschlaggestaltung: Buchholz/Hinsch/Hensinger
Foto: ZEFA/Gruenefeld
Gesamtherstellung: Clausen & Bosse, Leck
Printed in Germany
ISBN 3-596-10740-7

Inhalt

Teil 3
Intensivierung der Eigenkompostierung und Einführung der Gemeinschaftskompostierung
Konzepte und Modelle

Anhang

Einleitung

Vermeiden vor *Verwerten* vor *Beseitigen*, so fordert es das Abfallgesetz; *Vergraben, Verbrennen, Vergessen,* das ist nach wie vor die Praxis bei der Müllentsorgung. Im Vergleich zu unserer hochentwickelten geordneten Versorgungswirtschaft (Energie, Wasser) ist die Entsorgung sozusagen auf »Steinzeitniveau«. Was in unserer Wohlstandsgesellschaft als Müll übrigbleibt, wird einfach abgekippt oder verbrannt. Dabei sind Begriffe wie »Entsorgung« oder »Beseitigung« völlig irreführend. Der Müll ist keineswegs aus der Welt, und zu Sorglosigkeit besteht keinerlei Anlaß. Die heutigen Deponien sind die Altlasten von morgen; das ist jetzt schon klar.

Neben den vorhandenen oder sich abzeichnenden Umweltproblemen sind es vor allem Engpässe bei den Deponie- und Verbrennungskapazitäten, die Städte und Kreise zunehmend in Bedrängnis bringen. Der immer weiter wachsende Müllberg kann einfach nicht mehr bewältigt werden. Für den Regierungsbezirk Düsseldorf in Nordrhein-Westfalen beispielsweise sagt der Regierungspräsident spätestens für 1995 den Entsorgungskollaps bei Siedlungsabfällen voraus. Diese Situation ist übertragbar auf weite Teile des Bundesgebietes. Gleichzeitig treiben die steigenden Umwelt- und Sicherheitsanforderungen an Deponierung und Verbrennung die Entsorgungskosten in ungeahnte Höhen.

Während der Gesetzgeber und die betroffenen Kommunen sich neuerdings um Konzepte zum Abbau des Müllberges bemühen, hat sich in der Bevölkerung gleichsinnig zur »Versorgungsmentalität« auch eine »Entsorgungsmentalität« breitgemacht. »Für den Müll sind die Müllmänner zuständig.« Was mit dem Müll passiert und welche Probleme er verursacht, das interessiert niemanden; Hauptsache, er wird weggeschafft; *aus den Augen – aus dem Sinn*. Der durchschnittliche umweltbewußte Bürger ist bereits zufrieden, wenn er Papier und Glas zum Container bringt. Für weitergehende Maßnahmen sieht er gar keine Notwendigkeit.

Daran sind die Kommunen nicht ganz unschuldig. Je reibungsloser die Entsorgung funktioniert, desto weniger sichtbar sind die dahinterstehenden Probleme. Vermutlich rückt das Problem erst dann voll ins

Bewußtsein, wenn der Müll vier Wochen nicht abgefahren wird und sich vor den Häusern türmt.

Diejenigen, die sich über Glas und Papier hinaus bemühen, ihren Abfall zu reduzieren, werden in ihrem Eifer schnell durch Sachzwänge gebremst. Um beispielsweise abfallarm einzukaufen, müssen sie Einkaufsgewohnheiten ändern, weitere Wege, höheren Zeitaufwand und höhere Kosten in Kauf nehmen. Oft sind die gewünschten Produkte in abfallarmen Verpackungen überhaupt nicht zu bekommen. Und zu allem Überfluß wird es noch nicht einmal honoriert, wenn die Mülltonne nur noch halb voll ist. Kein Wunder, daß die Abfallvermeidung in der Praxis nicht vorankommt.

Andererseits liegt im Problemfeld Müll auch eine große Chance. Im Gegensatz zu globalen Umweltproblemen, wie Ozonloch und Treibhauseffekt, auf die der einzelne keinen direkten Zugriff hat, besteht beim lokalen Müllproblem die Möglichkeit der direkten Einflußnahme.

Eine besonders effektive Möglichkeit der Müllverminderung bietet sich bei den kompostierbaren organischen Abfällen, die mit über 40 Gewichtsprozent den größten Anteil am Hausmüll einnehmen. Das scheint bei den auf Wertstoffrecycling fixierten Haushalten und Kommunen bisher noch wenig ins (Umwelt-)Bewußtsein vorgedrungen zu sein. Bio-Abfälle werden scheinbar nicht als Wertstoffe betrachtet. Dabei ist die Kompostierung von organischen Küchen- und Gartenabfällen weder mit Änderungen der Konsumgewohnheiten noch mit

Abb. 1: Biomüllentsorgung – Ist-Zustand

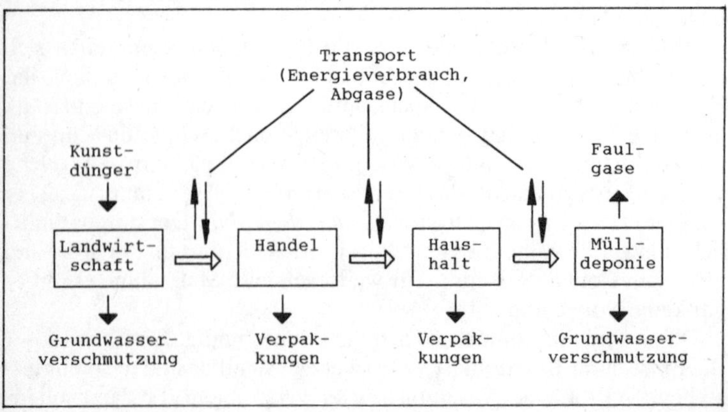

höheren Kosten verbunden. Der einzige Sachzwang ist das Vorhandensein von Grünflächen für den Kompost.

Noch vor zwei Generationen war es üblich, organische Küchen- und Gartenabfälle im eigenen Garten oder im Schrebergarten zu kompostieren. Das hatte damals nichts mit Umweltschutz zu tun, sondern war reine Notwendigkeit. Die Nährstoffe, die dem Boden durch Ernte der Feldfrüchte entzogen wurden, gab man ihm in Form von Kompost zurück. Mineraldünger war zu teuer. So war der Nährstoffkreislauf weitgehend geschlossen. Organische Reststoffe tauchten im Müll nicht auf.

Heute werden diese organischen Reststoffe größtenteils in die Mülltonne gekippt und verstopfen unnötig die Deponien oder werden für teures Geld sinnlos verbrannt. Für Transport und Behandlung dieser Abfälle werden Energieressourcen verbraucht und Umweltschäden in Kauf genommen. Auf der anderen Seite werden Gärten, Grünanlagen und Felder mit Kunstdünger und Hochmoortorf gedüngt. Bei der Herstellung des Düngers werden wiederum Energien verbraucht und Schadstoffe freigesetzt.

Zugegeben, zurück zu alten Zeiten, wo Armut und Hunger natürliche Stoffkreisläufe noch geschlossen hielten, wer will das schon? Gefragt sind intelligente Lösungen, die Umweltprobleme an der Quelle anpacken und mit geringst möglichem Energie- und Ressourcenaufwand lösen.

Abb. 2: Biomüllentsorgung – mittelfristig realisierbar

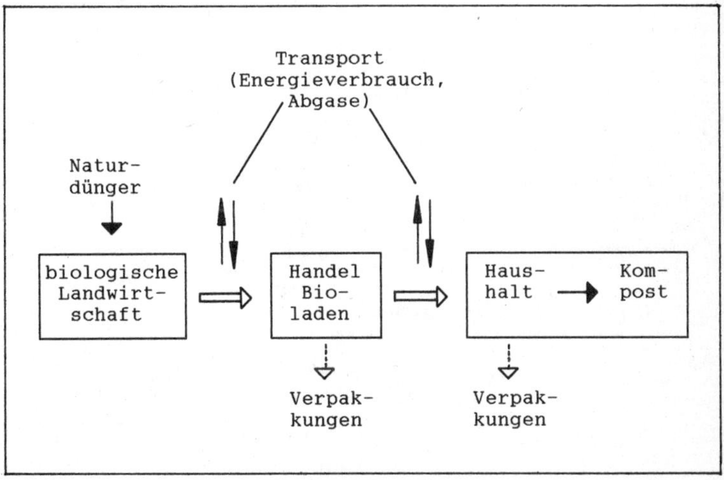

Zur Zeit wenden sich die Kommunen der Erfassung des Biomülls mit einem neuen Sammelsystem, der *Biotonne*, zu. Sie bevorzugen damit ein technisches System, das nicht nur enorme Kosten nach sich zieht, sondern auch – wie gehabt – den Bürgern die Verantwortung für die Entsorgung ihres Mülls abnimmt.

Der ökologisch und ökonomisch sinnvolleren *Eigenkompostierung* messen die Städte und Gemeinden bislang wenig Bedeutung zu. Zu Unrecht! Denn in der Eigenkompostierung liegt ein noch weitgehend unausgeschöpftes Potential zur Abfallminderung. Viel wäre schon gewonnen, wenn allein die Gartenbesitzer ihre Bioabfälle vollständig kompostieren würden. Darüber hinaus können weitere Potentiale durch die *Gemeinschaftskompostierung* erschlossen werden, die auch Haushalten ohne eigenen Garten das Kompostieren ermöglicht. Die in diesem Buch vorgestellten Modelle zur Förderung der Eigenkompostierung und Einführung der Gemeinschaftskompostierung plädieren für eine Einbindung der Bürger in die Abfallentsorgung, soweit das mit vertretbarem Aufwand möglich ist. Die Eigenkompostierung ist ein hervorragender Ansatzpunkt für einen eigenverantwortlichen Umgang mit dem Müll. Dem naturentfremdeten Zivilisationsmenschen bietet sie ein *erlebbares* Anschauungsbeispiel für das Funktionieren ökologischer Stoffkreisläufe.

Für die Kommune macht sich jede Tonne Müll, die nicht abgefahren und behandelt werden muß, bezahlt. Investitionen in Beratungs-

Abb. 3: Biomüllentsorgung – Idealzustand

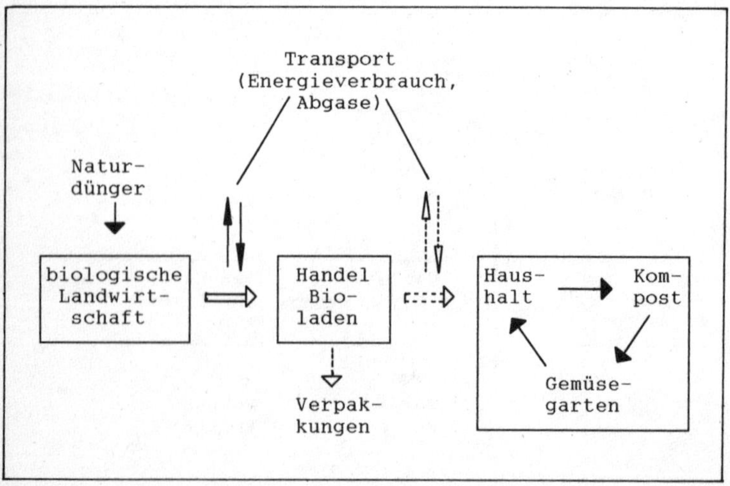

und Motivationskampagnen zur Förderung der Eigenkompostierung sind ökologisch und abfallwirtschaftlich sinnvoll und rentabel. Die Förderung der Eigenkompostierung eröffnet den Kommunen darüber hinaus die Möglichkeit, ihre Bürger auch für andere Ziele des kommunalen Umweltschutzes zu aktivieren. Ihr ist aus abfallwirtschaftlichen, ökologischen und umweltpädagogischen Gründen ein klarer Vorrang vor dem Biotonnensystem einzuräumen.

Teil 1 des Buches befaßt sich mit einer Bewertung verschiedener Strategien zur Müllverminderung und behandelt die Voraussetzungen und Rahmenbedingungen für eine effektive Biomüllverwertung.

Teil 2 beschäftigt sich mit den biologischen Grundlagen des Kompostierprozesses, den technischen Voraussetzungen für die Eigenkompostierung und vergleicht verschiedene Kompostierverfahren und Kompostertypen.

In *Teil 3* werden zwei Modelle zur Förderung der Eigenkompostierung und Einführung der Gemeinschaftskompostierung mit verschiedenen Varianten vorgestellt. Die Modelle werden auf Grundlage der Erfahrungen aus verschiedenen Städten und Landkreisen bezüglich ihres Müllminderungspotentials, des nötigen Personal- und Kostenaufwandes und ihres umweltpädagogischen Stellenwertes beleuchtet. Für die praktische Umsetzung der Modelle, sowohl in kommunaler Regie als auch in Eigeninitiative unabhängiger Kompostgruppen, werden Anleitungen und Ablaufraster präsentiert.

Der Text wurde allgemein verständlich verfaßt und mit anschaulichen Tabellen und Abbildungen versehen. Die Leser und Leserinnen werden nicht mit Daten, Statistiken und komplizierten Diagrammen überfüttert. Fachausdrücke wurden auf das notwendige Mindestmaß reduziert.

Das Buch richtet sich als Informations- und Argumentationsgrundlage an engagierte Bürger, Initiativgruppen, Lokalpolitiker und Verwaltungskräfte. Es soll als Leitfaden für einen kreativen und verantwortlichen Umgang mit unserem Biomüll dienen und als wichtiger Baustein ökologisch orientierte Abfallkonzepte ergänzen.

Teil 1

Auswege aus dem Müllnotstand

Strategien und Rahmenbedingungen für die Biomüllverwertung

1. Entsorgung – das Problem der neunziger Jahre

Der Müllnotstand

Noch bis Anfang der siebziger Jahre gab es kein »Müllproblem«. Bis zu dieser Zeit wurde der Müll bundesweit auf ca. 40000 ungeordnete Müllplätze gekippt – weitgehend ohne Sicherungsmaßnahmen (Basisabdichtungen etc). Diese Müllkippen sind die heutigen Altlasten! Erst in den siebziger Jahren wurden die ersten Abfallgesetze erlassen und die Müllentsorgung geordnet. Die Zahl der Müllkippen wurde auf ca. 4000 geordnete »Deponien« begrenzt. Die Sicherheitsvorschriften wurden im Laufe der achtziger Jahre ständig erhöht. Diese fortlaufende Eingrenzung des allgemeinen Müllunwesens führte jedoch zu einer zunehmenden Verknappung an freier Deponiekapazität. Steigende Sicherheitsanforderungen und zunehmende Bürgerproteste gegen neue Deponiestandorte machten die Errichtung neuer Deponien immer schwieriger.

Als Folge haben wir heute in zahlreichen Städten und Kreisen einen »Müllnotstand«. Teilweise ist die Müllentsorgung wegen fehlender Deponie- oder Verbrennungskapazitäten nur noch für Monate gesichert. Häufig müssen übergangsweise Müllkontingente für viel Geld in andere Kreise und Städte exportiert werden.

In den achtziger Jahren wurde die Ausweitung des Recyclings zur Lösung der Müllkrise propagiert. Die Grenzen des Recyclings zeichneten sich leider allzu schnell ab. Trotz verstärkter Recyclingbemühungen stieg der Müllberg weiter an. Heute wird massiv die Müllverbrennung ausgeweitet. Durch Verbrennung wird der Müll aber nicht beseitigt, sondern nur auf ca. ein Drittel seines Ausgangsgewichtes reduziert. Die übrigbleibenden Schlacken und hochgiftigen Filterstäube müssen auf Sonderdeponien abgelagert werden.

Ein großes Problem der Verbrennung sind die giftigen umwelt- und gesundheitsgefährdenden Abgase, die auch mit modernsten Filtertechnologien nicht vollständig zurückgehalten werden können. Heute stellt man mit Schrecken fest, daß einige Verbrennungsanlagen nach wenigen Betriebsjahren die Umgebung so stark mit Schadstoffen, insbesondere Dioxinen, belastet haben, daß landwirtschaftliche Produkte (z. B. Milch) aus dem Umkreis nicht mehr zum Verzehr geeignet sind.

Abfallgesetz und Realität

Vermeiden – Verwerten – Beseitigen; in genau dieser Rangfolge steht es im Abfallgesetz (Bund, Länder) festgeschrieben. In der Praxis ist diese Rangfolge genau auf den Kopf gestellt. Zur Zeit wird der überwiegende Teil des Mülls deponiert oder verbrannt. Nur ein kleiner Teil wird wiederverwertet; im wesentlichen Glas und Papier. Und Vermeidungserfolge sind bisher praktisch nicht nachweisbar. Das ranghöchste Gesetzesziel steht nur auf dem Papier; Initiativen zur Umsetzung lassen weiterhin auf sich warten.

Oft wird die Verwertungsstatistik geschönt, indem die Müllverbrennung als »thermische Verwertung« deklariert wird. Gemeint ist, daß bei neueren Müllverbrennungsanlagen Strom und Wärme aus dem Verbrennungsprozeß ausgekoppelt werden. Jedoch wird bei dieser thermischen Nutzung nur ein Bruchteil der in den brennbaren Müllbestandteilen (Papier, Plastik usw.) steckenden Energie ausgenutzt. Der größte Teil wird verpulvert, um kaum brennbare Müllbestandteile, wie z. B. den stark wasserhaltigen Biomüll, zu verbrennen; und Wasser brennt nun mal schlecht.

Bei der echten »stofflichen« Verwertung bleibt sowohl der Stoff selbst als auch der größte Teil der Energie, die bei der Produktion des Stoffes verbraucht wurde, erhalten. Konsequenterweise wird in den Neuauflagen einiger Landesabfallgesetze (z. B. Bayern, Nordrhein-Westfalen) der eindeutige Vorgang der stofflichen Verwertung vor der Verbrennung festgeschrieben. Sie heißt jetzt nicht mehr thermische Verwertung, sondern »thermische Behandlung«. Offenbar traut man aber in den Umweltministerien der Vermeidung und der stofflichen Verwertung nicht zu, den Müllberg entscheidend abzubauen. Deswegen wird weiterhin auf den Ausbau der Verbrennung gesetzt.

Bei den Milliardeninvestitionen in die Verbrennungstechnik bleiben natürlich kaum Mittel übrig, um der Vermeidung und Verwertung die nötige finanzielle Schubkraft zu verleihen. Da beißt sich die Katze in den Schwanz. Die extrem teuren Verbrennungsanlagen schaffen jahrzehntelange finanzielle Sachzwänge. Für Vermeidung und Verwertung bleibt kein Geld übrig; die Städte und Kreise, die schon Verbrennungsanlagen betreiben, liegen in den Verwertungsaktivitäten weit zurück.

2. Abfallverminderungspotential

Der neue Entwurf der Landesregierung von Nordrhein-Westfalen zum Landesabfallgesetz (Stand 2/91) fordert beim Hausmüll innerhalb der nächsten 10 Jahre 15% zusätzliche Vermeidung und 30% zusätzliche Verwertung, ausgehend vom Stand 1991. Das sind ehrgeizige Ziele; von ihrer Verwirklichung sind die Städte und Kreise zur Zeit noch meilenweit entfernt. Klar ist, daß mit den derzeitigen Konzepten dieses Ziel nicht erreicht werden kann. Erforderlich sind völlig neue Strategien und Ansätze.

Zusammensetzung des Hausmülls

Rund 30 Millionen Tonnen Müll produzieren die alten Bundesländer pro Jahr. Die neuen Bundesländer (ehemalige DDR), die bisher gut funktionierende Mehrweg- und Wertstoff-Recyclingsysteme hatten, werden es vermutlich in Rekordzeit schaffen, sich dem hiesigen Müll(not)standard anzupassen.

Unter dem Begriff »Müll« werden Hausmüll, hausmüllähnliche Gewerbeabfälle, Sperrmüll und Straßenkehricht zusammengefaßt; im Prinzip alles, was von der Müllabfuhr erfaßt wird. Alle anderen Abfallarten werden als Sonderabfälle bezeichnet. Sonderabfälle sind z. B. Produktionsrückstände aus Industrie und Gewerbe, Autowracks, Klärschlämme, Bauschutt, landwirtschaftliche Abfälle usw. Der Hausmüll im engeren Sinne umfaßt ca. 15 Millionen Tonnen/Jahr (Stand 1980)[1]. *Abbildung 4* zeigt die Zusammensetzung des Hausmülls nach einer bundesweiten Hausmüllanalyse.

Unschwer zu erkennen ist, daß die Bioabfälle den größten Brocken im Hausmüll ausmachen. Man sollte meinen, daß Verminderungs- und Verwertungsstrategien sich zuerst der Bioabfälle annähmen. Dies ist jedoch nicht geschehen; die Biomüllverwertung ist bisher verschwindend gering. Statt dessen wurden seit den siebziger Jahren das Glas- und Papierrecycling vorangetrieben. Neuerdings wendet man

1 Koch, T.C., Seeberger, J., Petrik, H.: Ökologische Müllverwertung, Karlsruhe 1986

sich der Verwertung von Blechdosen und Kunststoffen zu. Maßnahmen, den Biomüllanteil wirkungsvoll zu vermindern, werden bisher in den meisten Städten und Kreisen nur diskutiert, obwohl es seit Jahren erfolgreiche Pilotprojekte zur Biomüllverminderung und -verwertung gibt.

Abfallvermeidung

Kommunen, die ernsthafte Anstrengungen im Bereich Vermeidung unternehmen, kann man im Bundesgebiet an einer Hand abzählen. Als herausragendes Beispiel ist die Stadt Köln zu nennen, die mit über 3 Millionen DM Jahresetat und mehr als 20 Abfallberatern die Vermeidung forciert. Die Vermeidungsberatung zielt in erster Linie auf überflüssigen Verpackungsmüll. Trotz dieses erheblichen Aufwandes rechnet man in Köln mittelfristig mit einem Vermeidungserfolg von maximal 5–7% Müllabnahme. Im ungünstigsten Falle wird mit den Vermeidungsanstrengungen nur ein Müllzuwachs verhindert.

Abb. 4: Zusammensetzung von Hausmüll

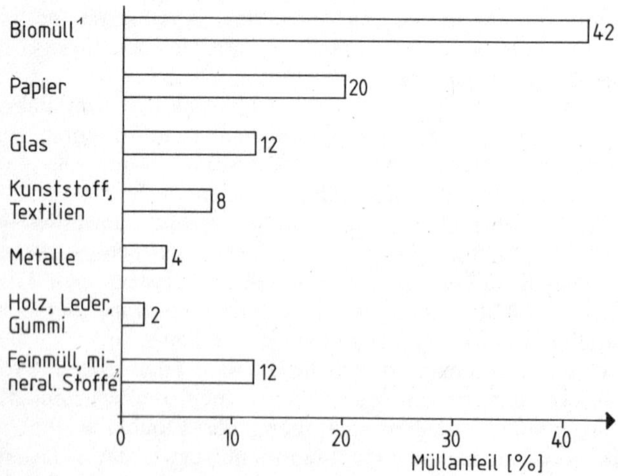

1 »Biomüll« sind alle kompostierbaren, organischen Abfälle aus Haus und Garten.
2 »Mineralische Stoffe« und »Feinmüll« umfassen Asche, Steine, Erde, Sand, Staub, Kehricht, Keramik und andere feinverteilte Abfallstoffe.

Was macht die Müllvermeidung so schwierig? Neben mangelnden Kenntnissen und mangelnder Motivation sind es vor allem folgende Umstände, die es dem Verbraucher schwer machen, Abfälle zu vermeiden:

- Abfallarme Produktalternativen werden in den meistfrequentierten Einkaufsplätzen (Supermärkte etc.) nicht angeboten.
- Abfallarme Produktalternativen (z. B. Getränke in Mehrwegflaschen) sind in der Regel teurer. Der größere Teil der Verbraucher ist aber nicht bereit, hierfür mehr auszugeben.
- Abfallarme Produktalternativen sind gar nicht verfügbar. Schon bei der Planung und Herstellung eines Konsumartikels entscheidet es sich, ob der Kauf dieses Produktes mit hohem oder geringem Abfallaufkommen verbunden ist. Der Hersteller hat bislang kaum einen Anreiz, auf die Abfallbilanz seines Produktes zu achten, da er für die Folgekosten der Entsorgung nicht aufkommen muß.

In allen vorgenannten Punkten ist der Gesetzgeber gefordert, z. B. durch Verpackungssteuern oder Verordnungen dafür zu sorgen, daß sich Abfallvermeidung auch finanziell lohnt – für Produzenten und für Verbraucher. Bislang ist in dieser Richtung praktisch nichts unternommen worden. Abfallvermeidung kann aber nur dann Erfolg haben, wenn sie an der Quelle – schon bei der Produktplanung – ansetzt.

Solange die entsprechenden Grundvoraussetzungen und Rahmenbedingungen nicht geschaffen werden, ist auch mit aufwendigen Öffentlichkeitskampagnen zur Förderung der Abfallvermeidung nur wenig zu erreichen. Trotzdem rechnet sich für die Kommune angesichts der steigenden Entsorgungskosten jedes vermiedene Prozent Müll, auch wenn dafür etliche Abfallberater eingestellt werden müssen. Unter den momentanen Rahmenbedingungen sind durch Vermeidung von Verpackungsmüll mittelfristig ca. 6 % Hausmüllverminderung zu erreichen. Um die gesetzlich geforderten 15 % zu erreichen, kommt im Grunde nur die Förderung der Eigenkompostierung in Frage. Aus Sicht der Kommune ist Eigenkompostierung Abfallvermeidung, da die von den Haushalten kompostierten Bioabfälle für die Kommune gar nicht als Abfälle in Erscheinung treten.

Durch intensive Förderung der Eigenkompostierung läßt sich mittelfristig eine Hausmüllverminderung von ca. 8 % erzielen. Mit welchen Maßnahmen das erreicht werden kann, wird in *Teil 3* beschrieben. Für die Kommune rücken damit 15 % Vermeidung in den Bereich des Möglichen.

Abfallverwertung / Recycling

In den siebziger Jahren wurde das Recycling von Wertstoffen als Lösung des Müllproblems propagiert. Mittlerweile ist Ernüchterung eingetreten. Die hohen Erwartungen haben sich nicht erfüllt; trotz Recycling ist die zu entsorgende Restmüllmenge weiter angestiegen. Die durchschnittlichen Verwertungsquoten sind abgesehen vom Altglas bisher eher bescheiden.

Im folgenden werden kurz die bisher erreichten und die zukünftig erreichbaren Verwertungsquoten der wichtigsten Müllfraktionen besprochen:

Altglas (12% Müllanteil):
Die höchste Wiederverwertungsquote erzielt bisher das Altglas. Gut 30% der Einweggläser im Müll werden dem Recycling zugeführt. Im Gegensatz zu Papier, Kunststoffen und Weißblech kann Glas im Prinzip beliebig oft eingeschmolzen werden, ohne an Qualität zu verlieren. Nur beim Glas gibt es bisher ein echtes Recycling im Sinne von Kreislaufführung. Allerdings werden bei jedem Einschmelzvorgang sehr hohe Energiemengen verbraucht.

Die Altglaserfassung läßt sich mit Ausbau der Erfassungssysteme (z. B. höhere Stellplatzdichte für Glascontainer) und Einführung von Trennungsgeboten auf über 70% steigern. Für sortenreines, farblich getrenntes Altglas bestehen keine Absatzprobleme auf dem Altstoffmarkt. Der Altglaseinsatz in der Glasproduktion kann bis zu 90% betragen.

Altpapier (20% Müllanteil):
Ca. 20% des Papieranteils im Müll werden wiederverwertet, Tendenz steigend. Die in regelmäßigen Abständen zusammenbrechenden Preise für Papier am Altstoffmarkt deuten allerdings darauf hin, daß die Verwertungsquote kurzfristig nicht kräftig gesteigert werden kann. Es fehlt an Absatzmärkten für die Recyclingprodukte. Die Papierverwertung ist kein echtes Recycling, da die Faserqualität bei jedem Umlauf schlechter wird. Die Recyclingprodukte haben in der Regel nicht die Qualität der Ausgangsprodukte. Durch Aufbereitungsprozesse (Entfärben) entstehen neue Umweltbelastungen.

Durch Ausbau der Sammelsysteme (z. B. Holsysteme) könnten ohne weiteres Erfassungsgrade von über 50% realisiert werden. Das Problem ist, wie gesagt, daß für solche Altpapiermengen kein Markt vorhanden ist. Letztlich landen die überschüssigen Papiermengen dann doch in der Verbrennung.

Kunststoff (8 % Müllanteil):
Kunststoffmüll widersetzt sich bisher hartnäckig allen Verwertungsversuchen. Aufgrund der Materialvielfalt bei den Kunststoffverpakkungen läßt sich Recyclingkunststoff nur zu minderwertigen Produkten, wie z. B. Parkbänken und Blumenkübeln, verarbeiten. Der Absatzmarkt für diese Produkte ist sehr begrenzt. Von Recycling im eigentlichen Sinne, d. h. einer vollständigen Wiederverwertung des Materials in Form von gleichwertigen Produkten, kann hier keine Rede sein. Nur ein verschwindend kleiner Teil des Kunststoffs aus Hausmüll wird bisher verwertet. Solange die Stoffvielfalt beim Kunststoff weiter besteht, wird sich daran auch nichts ändern.

Verbundstoffe:
Besonders wiederverwertungsfeindlich sind die sogenannten Verbundstoffe im Hausmüll. Verbundstoffe sind aus verschiedenen untrennbar miteinander verbundenen Materialien zusammengesetzt. Meist werden Papier und Kunststoff (z. B. Milchtüten), Alufolie und Plastikfolie (z. B. Vakuumkaffeebeutel) oder Papier, Plastik und Alu (z. B. Saft-Tetrapack) kombiniert. Da sich die Materialien nicht trennen lassen, sind sie nicht verwertbar. Der Anteil an Verpackung aus Verbundstoffen im Müll nimmt ständig weiter zu.

Biomüll (42 % Müllanteil):
Der vollständig verrottbare Biomüll läßt sich im Prinzip durch Kompostierung leicht verwerten. Die Kompostierung ist ein echter Kreislaufprozeß; alle Stoffe werden der belebten Natur als Grundstoffe für neues Leben und Wachstum wieder zur Verfügung gestellt (100 % Recycling). Für die Kommune gibt es neben der Förderung der Eigenkompostierung die Möglichkeit, den Biomüll mit speziellen Biotonnen zu erfassen und zentral zu kompostieren. Diese Form der Biomüllverwertung wird jedoch erst von wenigen Kommunen in Pilotprojekten betrieben. Erst neuerdings werden verstärkt Überlegungen zur Biomüllverwertung angestellt. Das ist angesichts der Tatsache, daß Biomüll mit 40 % die größte Fraktion im Hausmüll darstellt, völlig unverständlich.

Durch intensive Förderung der Eigenkompostierung und Gemeinschaftskompostierung sowie durch flächendeckende Einführung der Biotonne läßt sich der Biomüllanteil im Müll mittelfristig um insgesamt ca. 65 % reduzieren.

Das »funktionierende Recycling« wird von der Industrie als Argument benutzt, um die Produktion von müllintensiven Einwegverpakkungen ausweiten zu können. Die Müllstatistik beweist, daß eine

Tabelle 1: Verwertungspotential der wichtigsten Stoffgruppen

Stoff	Anteil im Hausmüll [%]	davon bisher verwertet[1] [%]	Verwertungs-potential [%]
Glas	12	30	70
Papier/Pappe	20	20	50
Biomüll	42	2	65

[1] Institut für ökologisches Recycling (Hrsg.): Abfall vermeiden, Frankfurt 1989

Ausweitung der Einwegverpackungen trotz Recycling automatisch zu einer drastischen Zunahme der Restmüllmenge führt.

Dazu ein Beispiel: Eine Mehrwegflasche wird ca. 40mal wiederbefüllt, bevor sie aus dem Verkehr gezogen wird. Wenn diese Mehrwegflasche durch Einwegflaschen ersetzt wird, müssen demnach 40 Flaschen produziert werden, um die gleiche Menge an Getränk zu verpacken. Von diesen 40 Flaschen werden 12 Flaschen (30%) dem Glasrecycling zugeführt und 28 Flaschen (70%) landen im Müll. In diesem Fall schwillt also die Müllmenge trotz Recycling um den Faktor 28 an. Die Glasindustrie weitet ihre Produktion um 39 Flaschen aus, und der Verbraucher muß die zusätzliche Entsorgung von 28 Flaschen über die Müllgebühren bezahlen.

Doch die blinde Sammelwut verstellt offenbar völlig den Blick für die Recyclingrealität, und zwar bei Bürgern, Lokalpolitikern und Behörden gleichermaßen. Die Verpackungsindustrie unterstützt nach Kräften diese Entwicklung mit Hochglanz-Infobroschüren, griffigen Slogans (»Ich war einmal eine Dose«) und Recyclingsymbolen auf Dosen und Flaschen.

Klar ist, daß auch mit verstärktem Recycling das Müllproblem nicht gelöst wird. Vor allem dann nicht, wenn gleichzeitig die Verpackungsflut weiter anschwillt; der Trend ist ungebrochen!

Aus umweltpädagogischer Sicht ist die Ausweitung des Recyclings, z. B. auf neue Stoffgruppen wie Weißblech und Plastik, sogar negativ zu bewerten: Der Verbraucher ist davon überzeugt, daß er durch Nutzung der Recyclingsysteme das Beste für die Umwelt tut. Wie die Beratungspraxis zeigt, ruft eine Erschütterung dieses Glaubens Irritationen und Ärger hervor. Es ist sehr schwer, dem Bürger begreiflich zu machen, daß plötzlich Vermeidung angesagt ist und daß Verwertung immer nur die zweitbeste Lösung sein kann.

Die obengenannten Defizite der stofflichen Wiederverwertung gelten eingeschränkt auch für die Biomüllverwertung. Die Aufstellung von Biotonnen kann dazu führen, daß zusätzlich Biomüll eingesammelt wird, der vorher in den Gärten kompostiert wurde. Das treibt die einzusammelnden Mengen und die Kosten in die Höhe. Die Gartenbesitzer, die statt Kompostierung die Biotonne benutzen, sind überzeugt, besonders umweltbewußt zu handeln. Die Kosten tragen, wie immer, die Gebührenzahler. Auch hier gilt es, von vornherein deutlich zu machen, daß die Biotonne nur die zweitbeste Lösung ist.

3. Strategien zur Biomüllverwertung

Bioabfälle nehmen auf der Deponie unnötig Platz weg oder vermindern durch ihren hohen Wassergehalt den Wirkungsgrad der Verbrennung. Auf der Deponie verfault die Biomasse zusammen mit anderen organischen Müllbestandteilen (Papier, Holz etc.) und bildet Faulgase und hochbelastete Sickerwässer. Die Faulgase schädigen die umliegende Vegetation und sind explosions- und brandgefährlich. Überdies trägt das Methan (Hauptbestandteil der Gase) als »Treibhausgas« zur Erwärmung der Erdatmosphäre bei. Die Sickerwässer können bei defekter Deponieabdichtung das Grundwasser verseuchen.

Neben der Platzersparnis ist die Abtrennung des Biomülls aus dem Hausmüll also auch aus Umweltschutzgründen wichtig. Grundsätzlich gibt es zwei Wege, die Bioabfälle aus dem Müll fernzuhalten: Eigenkompostierung und die Biotonne.

Eigenkompostierung contra Biotonne

Die sogenannte »Biotonne« ist ein zusätzliches Sammelgefäß neben der normalen Mülltonne. Sie dient der separaten Erfassung der organischen Küchen- und Gartenabfälle. Nach den bisherigen Erfahrungen wird das Biotonnensystem folgendermaßen gehandhabt:

Jeder Haushalt erhält – meist auf freiwilliger Basis – von der Kommune eine besonders gekennzeichnete Biotonne. Diese Tonne wird von der Müllabfuhr 14tägig oder wöchentlich abgefahren. Der eingesammelte Biomüll wird in einer Großkompostieranlage zu Kompost verarbeitet. Die entstehende Komposterde wird in städtischen Grünanlagen verwertet und den Bürgern abgepackt als Torfersatz zum Kauf angeboten.

Kompostqualität und Kompostverwertung

Die Qualität des Biotonnenkompostes leidet vielfach unter Verunreinigung mit Störstoffen. Ursache ist die mangelhafte Sortierung des Biomülls in den Haushalten. Die Motivation zum sauberen Trennen ist naturgemäß bei Eigenkompostierern höher, da diese ihren Kompost selber im Garten einsetzen wollen. Die Sortierdisziplin bei der Biotonnensammlung kann nur durch intensive Beratungs- und Motivationsarbeit entscheidend verbessert werden. Der hierfür nötige personelle und finanzielle Aufwand wird von den Kommunen bisher vielfach unterschätzt.

Die Verwertung des fertigen Kompostes aus der Kompostieranlage hängt eng mit der Kompostqualität zusammen. Nur wenn eine geprüfte und bescheinigte Qualität angeboten wird, sind die Bürger bereit, den Kompost als Bodenverbesserungsmittel zurückzukaufen. Wenn der Qualitätsstandard nicht eingehalten werden kann, bleibt nur noch die Verwertung in kommunalen Grünanlagen.

Die Eigenkompostierung kennt solche Verwertungsprobleme nicht, da die anfallenden Mengen an Komposterde völlig problemlos im Garten oder in den Grünanlagen verteilt werden können.

Energieverbrauch / Umweltbelastungen
Während der Biomüll bei der Eigenkompostierung am Entstehungsort verwertet wird, was ohne zusätzlichen Energie- oder Transportaufwand vonstatten geht, muß er bei der Biotonne zur zentralen Kompostanlage transportiert werden. Dabei schlagen Brennstoffverbrauch, Lärm und Abgase negativ zu Buche. Der bei der zentralen Kompostierung eingesetzte Maschinenpark verbraucht auch Energie und produziert Abgase. Zu guter Letzt fahren Tausende von Bürgern mit ihren PKWs zur Kompostanlage, um die fertige Komposterde zurückzuholen.

Umweltpädagogik
Die Biotonne ist zwar eine konsequente Methode, die organischen Küchen- und Gartenabfälle aus dem Hausmüll zu separieren, entzieht dem Bürger aber jegliche Verantwortung und Mitwirkungsmöglichkeit beim Fortgang der Verwertung. Eine Beobachtung und Beeinflussung des Kreislaufprozesses ist nicht möglich. Der Biomüll wird genauso wie Altglas, Altpapier oder Restmüll der entsorgenden Kommune übergeben; aus den Augen – aus dem Sinn.

Die Eigenkompostierung gibt wenigstens für den Biomüllanteil des Hausmülls eine direkte Einflußmöglichkeit auf den Verwertungsprozeß. Das »Gelingen des Kompostes« kann unmittelbar erlebt werden. Die Einbindung der Haushalte in abfallwirtschaftliche und ökologische Kreisläufe hat zentrale Bedeutung für eine Strategie der Aktivierung der Bürger für die Ziele des kommunalen Umweltschutzes. Die Förderung der Eigenkompostierung ist hierfür ein guter Einstieg.

Gemeinschaftskompostierung

Wie aus der Argumentation der vorangegangenen Punkte deutlich hervorgeht, ist es sinnvoll, das Potential der Eigenkompostierung so weit wie möglich auszuschöpfen. Um dieses Potential über die gartenbesitzenden Haushalte hinaus auszudehnen, entwickelte sich die Idee der Gemeinschaftskompostierung. Darunter wird das gemeinschaftliche Kompostieren einer Gruppe von Haushalten auf einem kleinen Kompostplatz in unmittelbarer Nähe zu den Wohnungen verstanden. Das können 20 Haushalte aus benachbarten Mietshäusern, die Bewohner einer Großwohnanlage oder auch 4 Parteien aus einem Mehrfamilienhaus sein. Die verschiedenen Varianten der Gemeinschaftskompostierung werden ausführlich in *Teil 3* besprochen.

Wichtigste Voraussetzung ist das Vorhandensein von verfügbaren Grünflächen unmittelbar bei den beteiligten Haushalten. Die Grünflächen werden für die Anlage der Kompostplätze und zum Verteilen der fertigen Komposterde benötigt. Verdichtete Stadtzentren, wo der Boden weitgehend versiegelt ist, kommen für die Gemeinschaftskompostierung nicht in Frage.

Zielsetzung

Allseits anerkannt und abfallgesetzlich gefordert ist mittlerweile ein Aussortieren und Verwerten der organischen Abfälle aus dem Hausmüll. Die Frage ist nur noch, mit welchem Verfahren dies unter Maßgabe der geringsten ökologischen und ökonomischen Folgekosten zu realisieren ist. Favorisiert wird momentan das Biotonnensystem, während die Förderung der Eigenkompostierung ein Schattendasein fristet. Die zuständigen Verwaltungsbeamten der Städte und Gemeinden vertreten bisher die Ansicht, daß Eigenkompostierung reine Privatsache sei, mit der die Kommune nichts zu tun habe.

Während im technischen Umweltschutz Milliardeninvestitionen getätigt werden, fließen in den Bereich Aufklärung, Beratung und Förderung der Eigeninitiative nur symbolische Beträge.

Ganz in diesem Sinne wird das Biotonnensystem als »technische Lösung« bevorzugt. Das schwer beeinflußbare Umweltverhalten der Bürger braucht dabei vermeintlich kaum einkalkuliert zu werden. Mit der Biotonne läßt sich nach einer relativ kurzen Einführungszeit ein großer Anteil des Biomülls erfassen. Diesen Vorteilen stehen jedoch die in den vorangegangenen Kapiteln bereits skizzierten Nachteile (Ökobilanz, Kompostqualität, Umweltpädagogik) gegenüber. Zudem ist das Biotonnensystem, wie in Teil 3 nachgewiesen wird, wesentlich teurer als die Förderung der Eigenkompostierung.

Daraus ergeben sich folgende Forderungen und Ziele für die Biomüllverwertung:

- Das Gesamtmüllaufkommen (Biomüll plus Restmüll) in gartenreichen Siedlungsgebieten darf nicht steigen.
- Eine Biomüllerfassung auf Kosten der Eigenkompostierung ist zu vermeiden. Die vorhandene Eigenkompostierung muß stabilisiert und weiter intensiviert werden.
- Der Energieaufwand und die Umweltbelastungen durch zentrale Erfassung und Behandlung von Biomüll sind so gering wie möglich zu halten. Das geht nur, wenn der Eigenkompostierung und Gemeinschaftskompostierung ein klarer Vorrang vor der Biotonne eingeräumt wird.
- Um eine möglichst hohe Verwertungsquote für Biomüll zu erreichen, müssen die Förderung der Eigenkompostierung (Gemeinschaftskompostierung) und die Einführung der Biotonne parallel betrieben werden. Der Einsatz der Biotonne wird auf Siedlungsgebiete bzw. Haushalte beschränkt, für die mangels Gärten und Grünflächen weder Eigen- noch Gemeinschaftskompostierung in Frage kommen.

Abb. 5: Modell Biomüllverwertung

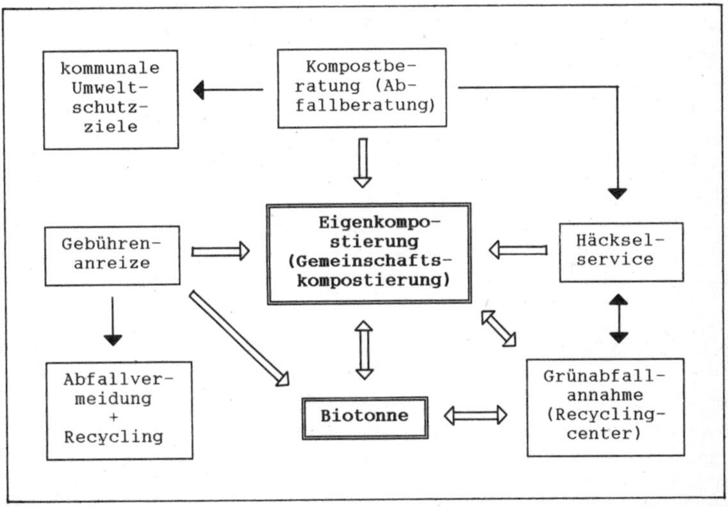

- Die Verantwortung für die Biomüllverwertung soll so weit wie möglich in den Händen der Privathaushalte verbleiben bzw. dorthin zurückgegeben werden. Die Stärkung der Eigenverantwortung im Abfallbereich ist ein guter Ausgangspunkt zur Förderung von Umweltbewußtsein und umweltgerechtem Handeln auch in anderen Bereichen.
- Um den obengenannten Zielen gerecht zu werden, sind für unterschiedliche Siedlungsstrukturen differenzierte Strategien erforderlich.

4. Voraussetzungen und Rahmenbedingungen

Beratung und Motivation

Die zur Zeit betriebene kommunale Öffentlichkeitsarbeit im Umwelt- und Abfallbereich krankt daran, daß sie die Masse der Bürger überhaupt nicht erreicht. Woran liegt das?

- Die Informationen werden in der Regel nur über Schriftmaterial (Faltblätter, Broschüren) oder über die Presse (z. B. Umwelttips) verbreitet. Diese Infos gehen in der allgemeinen Papierflut völlig unter. Nur eine kleine Minderheit bereits sensibilisierter Bürger nimmt die Information überhaupt zur Kenntnis. Die eigentlichen Adressaten nehmen sie nicht wahr.
- Die Aufklärungsinfos sind oft absenderbezogen und nicht empfängerorientiert, d. h., sie enthalten eine Botschaft, die der Absender (Berater) vermitteln will, anstatt auf die Bedürfnisse des Empfängers (Bürger) einzugehen. Typische Formulierungen: »Tun Sie«, »Lassen Sie«, »Sie sollten«. Oft wird mit erhobenem Zeigefinger argumentiert. Solche Ratschläge, Belehrungen und Aufforderungen werden vom Empfänger abgelehnt.
- Der persönliche Nutzen fehlt. Die Bürger werden zu Handlungen aufgefordert, die mit Unbequemlichkeit, Verzicht und höheren Kosten verbunden sind. Dafür reichen als Handlungsanreiz der kommunale Nutzen (z. B.: »Abfall vermeiden – gut für Mönchengladbach«) oder der Umweltnutzen nicht aus. Abfallvermeidendes Verhalten muß unmittelbar und individuell belohnt werden, z. B. durch niedrigere Müllgebühren. Reine Appelle an das Umweltbewußtsein bleiben wirkungslos.
- Meist fehlen öffentlichkeitswirksame Vorbilder. Die Stadt fordert die Bürger beispielsweise zum Papiersammeln auf, während die Stadtverwaltung in ihren eigenen Büros das Papier nicht trennt.

Wenn Aufklärungs- und Motivationsarbeit die Mehrheit der Bürger erreichen und zu meßbaren Verhaltensänderungen bewegen soll, muß eine Reihe von Voraussetzungen erfüllt sein:

Persönliche Beratung
Ein persönliches Beratungsgespräch bewirkt mehr als jedes noch so durchdachte Schriftmaterial. Man muß mit seinen Informationen und Angeboten »hausieren« gehen. Nur die flächendeckende Ansprache jedes Haushaltes zeigt letztendlich Wirkung; das zeigen zahlreiche Projekte zur Förderung der Abfallvermeidung und Eigenkompostierung. Besonders wenn komplexere Sachverhalte übermittelt und differenzierte Förderangebote erläutert werden sollen, ist das Beratungsgespräch unverzichtbar.

Den Beratern wird empfohlen, sich einem Kommunikationstraining zu unterziehen, um Fehler in der Gesprächsführung zu vermeiden. Die Beteiligung von Psychologen oder Soziologen an den Beratungsaktionen ist sehr vorteilhaft. Natürlich sind flächendeckende Beratungskampagnen personal- und damit kostenintensiv. Unterm Strich lohnt sich aber der Einsatz.

Nutzenaspekte
Wie oben bereits erwähnt, muß die gewünschte Verhaltensänderung (z. B. verstärkte Eigenkompostierung) mit einem persönlichen Nutzen belohnt werden. Dies kann z. B. die kostenlose Zurverfügungstellung eines Komposters und/oder ein Gebührennachlaß für Abfallverminderung sein. Umweltschonendes Verhalten, das *nicht* mit Unbequemlichkeit und Mehrarbeit verbunden ist, darf nicht teurer sein als das entsprechende umweltbelastende Verhalten. Mehrarbeit und zusätzlicher Zeitaufwand (wie bei der Eigenkompostierung) müssen sich jedoch in Mark und Pfennig auszahlen. Der kommunale Nutzen und der Umweltnutzen sind nur als verstärkender Zusatznutzen anzusehen.

Öffentliche Vorbilder
Die Kommune wird besonders dann vom Bürger ernst genommen, wenn sie mit gutem Beispiel vorangeht. Beispielsweise könnten Verwaltungsabteilungen ihren Biomüll aus den Büros sammeln und auf den Grünanlagen am Rathaus kompostieren. Vorbildcharakter haben auch Aktionen in Schulen, Kindergärten, Krankenhäusern und anderen öffentlichen Institutionen. Solche (pressewirksamen) Vorbildaktionen erzielen einen hohen Aufmerksamkeitswert in der Öffentlichkeit und erhöhen die Akzeptanz für die geplanten Maßnahmen.

Finanzielle Anreizinstrumente

Nach der Vorlage für die neueste Fassung des Landesabfallgesetzes Nordrhein-Westfalen werden die Kommunen ausdrücklich ermächtigt, abfallverminderndes Ver-halten durch Gebührenstaffelung zu belohnen bzw. »Müllmuffel« durch mehr Gebühren zu belasten. Damit ist die Grundlage geschaffen, auf der auch Anreizinstrumente für Eigen- und Gemeinschaftskompostierung realisiert werden können.

Um Gebührenanreize zu verwirklichen, sind verschiedene Varianten denkbar:

Differenzierung von Behältervolumen oder Abfuhrrhythmus:
Haushalte, die kompostieren und andere abfallvermindernde Maßnahmen verwirklichen, bekommen auf Antrag entweder kleinere Mülltonnen oder speziell gekennzeichnete Tonnen, die nur jedes zweite Mal abgefahren werden. Wenn doch mal größere Müllmengen anfallen und das geringere Behältervolumen nicht ausreicht, besteht die Möglichkeit, städtisch zugelassene Abfallsäcke im Handel zu kaufen. Voraussetzung ist eine linear mit dem genutzten Behältervolumen steigende Abfallgebühr. Diese Variante wird mittlerweile in vielen Gemeinden praktiziert. Nachteilig ist, daß der Sprung von einer Tonnengröße zur nächsten (bzw. zwischen zwei Abfuhrrhythmen) sehr groß ist; Zwischenstufen sind nicht möglich. Außerdem fallen hohe Kosten für die Umrüstung oder Neubeschaffung der Tonnen an.

Wertmarkensystem:
Die Haushalte erhalten und bezahlen zu Beginn des Jahres 52 Wertmarken. Für unterschiedliche Tonnengrößen gibt es preislich gestaffelt verschiedene Marken. Die Marken sind jeweils nur für eine bestimmte Jahreswoche zugelassen und wechseln zur Erleichterung der Identifizierung durch die Müllmänner jede Woche die Farbe. So wird eine mißbräuchliche Anwendung der Marken ausgeschlossen. Nun hat es der einzelne Haushalt in der Hand, die Mülltonne dann zur Abfuhr bereitzustellen, wenn es erforderlich ist. Die jeweils gültige Marke wird auf die Tonne geklebt. Am Ende des Jahres können die nicht benutzten Marken (maximal 50 %) zurückgegeben und erstattet werden. So ist eine sehr individuelle Honorierung der Müllverminderung möglich. Die Stadt Alsfeld im Vogelsbergkreis, die Gemeinde Glauburg im Wetteraukreis und der Landkreis Bad Kissingen haben mit dem Wertmarkensystem bislang sehr positive Erfahrungen gemacht. Das System ist sehr flexibel und kostengünstig. Ein Austausch oder eine Umrüstung von Müllbehältern ist nicht erforderlich.

Gebührenstaffelung nach Biomüllverwertung:
Speziell zur Förderung der Eigenkompostierung und freiwilligen Biotonnenbenutzung ist zusätzlich zu den ersten beiden Varianten eine weitergehende Gebührenstaffel denkbar. Danach bezahlen Haushalte, die sich zur Eigenkompostierung aller Bioabfälle verpflichten oder freiwillig eine Biotonne beantragen, geringere Gebührensätze als Haushalte, die weder trennen noch kompostieren. Eigenkompostierer liegen im Gebührensatz am tiefsten, Biotonnenbenutzer in der Mitte, und Müllmuffel zahlen den höchsten Satz. Durch die dreifache Staffelung wird die ökologisch sinnvollste und für die Kommune kostengünstigste Art der Biomüllverwertung am höchsten honoriert. Um einem Mißbrauch dieser Gebührenstaffelung vorzubeugen, müssen stichprobenartig Kontrollen der Restmülltonnen vorgenommen werden. Wenn bei Haushalten mit Gebührenvorteil Biomüll in der Restmülltonne festgestellt wird, werden sie erst beraten, dann verwarnt. Bei wiederholten Beanstandungen wird der Gebührenvorteil und bei Biotonnenbenutzern ggf. die Biotonne entzogen.

Neben dem Gebührenvorteil durch Eigenkompostierung bzw. Biotonnenbenutzung kann der Haushalt durch andere müllvermindernde Maßnahmen (z. B. Recycling) zusätzlich Einsparungen über das Wertmarkensystem erzielen. Insgesamt ist davon auszugehen, daß derart kombinierte Gebührenanreize eine starke Motivation zur Restmüllminderung ausüben.

Schwieriger ist die Umsetzung der Gebührenanreize in Mietshäusern, da hier die Gebühren vom Vermieter abgerechnet werden. Allerdings kann der Vermieter die Mietparteien befragen, ob sie bereit sind, an den Verminderungsmaßnahmen teilzunehmen. Die Gebührenreduzierung wird dann über die Nebenkostenabrechnung an die Mieter weitergegeben. Die an großen Mietshäusern stehenden Müllgroßbehälter können durchaus in ein Wertmarkensystem einbezogen werden. Bei Mieterwechsel kann der Vermieter die Verpflichtung zu Müllverminderungsmaßnahmen in den Mietvertrag aufnehmen.

Teil 2

Kompostierung

Biologische Grundlagen und technische Voraussetzungen

5. Der Rotteprozeß

Dieser Teil des Buches befaßt sich mit den technischen Voraussetzungen für die Kompostierung und mit den biologischen Grundlagen des Rotteprozesses. Ausführlich werden die kompostierbaren Materialien besprochen und mögliche Fehler und Probleme beim Aufsetzen und bei der Pflege des Kompostes diskutiert. Als Entscheidungshilfe wird ein vergleichender Überblick über die verschiedenen Kompostiersysteme gegeben.

Beim Kompostierprozeß, der Rotte, wird von Mikroorganismen (im wesentlichen Pilze und Bakterien) unter Luftzufuhr die organische Substanz abgebaut. Als Endprodukt entsteht ein lockerer schwarzbrauner Humus, der wie frische Walderde riecht. Der Rottevorgang läuft ähnlich wie die Humusbildung in der Natur. Durch die gezielte Steuerung der Rottebedingungen, wie der Zusammensetzung des Ausgangsmaterials, Sauerstoffversorgung, Wassergehalt und Temperatur läuft die Kompostrotte wesentlich schneller ab als die natürliche Rotte. Bei der Rotte werden Wasserdampf, Kohlendioxid und Wärme freigesetzt; es entstehen kaum Gerüche. Dadurch unterscheidet sie sich von Fäulnisprozessen, bei denen Faulgase freigesetzt werden und starke Geruchsbelästigungen auftreten. Fäulnis tritt nur unter Luftabschluß und bei Sauerstoffmangel auf.

Rotteprozesse spielen in allen natürlichen Ökosystemen eine zentrale Rolle. Sie sorgen für den Abbau von toten pflanzlichen und tierischen Organismen und schließen den Nährstoffkreislauf. Daneben wird durch Rotteprozesse der Humusoberboden gebildet, der als Wasser- und Nährstoffspeicher das Wachstum von Pflanzen überhaupt erst ermöglicht (vgl. *Abb. 6*).

Die Kompostrotte vollzieht sich in mehreren Phasen, die von verschiedenen sich gegenseitig ablösenden Arten von Mikroorganismen getragen werden. Die Mikroorganismen sind auf Abbauprozesse spezialisiert und nutzen die in der organischen Substanz enthaltene Energie für ihren Stoffwechsel. Überschußenergie wird als Wärme freigesetzt. Dadurch kommt es zu einer vorübergehenden kräftigen Erhitzung des Kompostes. Anhand des Temperaturverlaufes teilt man den Rotteprozeß in drei Hauptphasen ein (vgl. *Abb. 7*).

Abb. 6: Natürlicher Nährstoffkreislauf

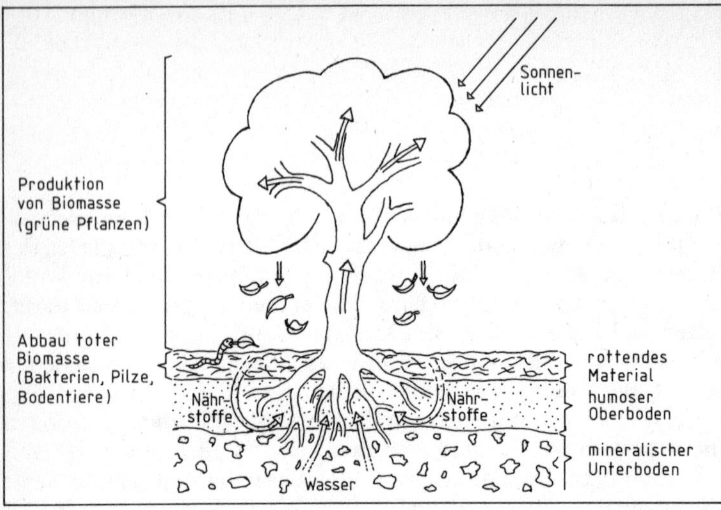

Abb. 7: Rottephasen

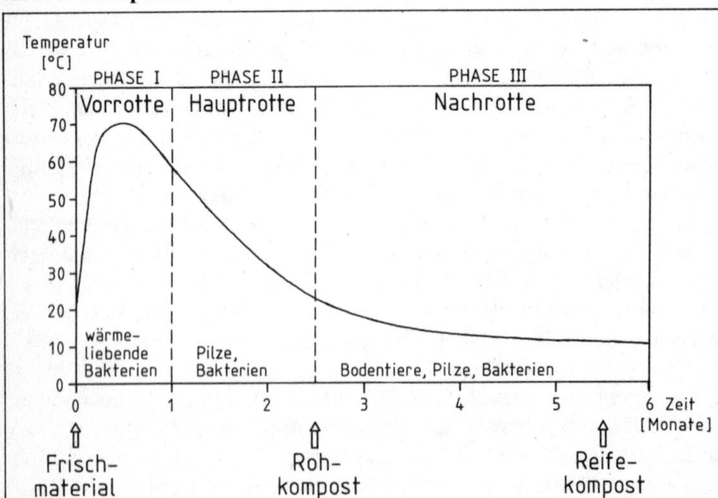

In der ersten Phase steigt die Temperatur unter günstigen Bedingungen auf über 70 °C an. Diese kurzzeitige starke Erwärmung wird durch die intensive Abbautätigkeit wärmeliebender (thermophiler) Mikroorganismen hervorgerufen. Sie machen sich zuerst über die leicht abbaubaren Stoffe (z. B. Zucker, Kohlehydrate, Proteine) her. Diese hohen Temperaturen sind aus hygienischer Sicht von Bedeutung, um krankheitserregende Keime und Unkrautsamen abzutöten.

Eine vollständige Hygienisierung des Kompostes ist gewährleistet, wenn sich die Temperaturen über zwei bis drei Wochen in einem Bereich von 50–65 °C bewegen. Diese Temperaturen werden nur im Inneren des Komposthaufens erreicht. Die Abbauvorgänge laufen dort viel schneller ab als in den kühleren Randzonen. Deswegen muß der Kompost nach einigen Wochen umgesetzt werden, wobei das Randzonenmaterial mit dem Kernmaterial gemischt wird.

Die hohe Temperatur von über 60 °C wird allerdings nur erreicht, wenn größere Kompostmengen (ab ca. 1 Kubikmeter) kompakt aufgesetzt werden. Bei kleinen Kompostern und offenen Stangen- oder Gitterkompostern, die nach und nach mit kleinen Mengen befüllt werden, findet diese Temperaturentwicklung nicht statt. Die Kühlung durch Wind und Regen ist hier zu stark. Das tut dem Rotteprozeß aber keinen Abbruch; er läuft nur entsprechend langsamer ab. Unkrautsamen werden dann nicht abgetötet.

In der zweiten Phase – auch Umbauphase genannt – sinkt die Temperatur wieder unter 45 °C, und andere Bakterienstämme und Pilzarten werden aktiv. Sie zersetzen verstärkt auch schwer abbaubare Verbindungen wie Zellulose und Lignine (Holzstoffe) und produzieren die für die Humusbildung wichtigen Stoffe. Je nach Kompostierverfahren hält diese Phase mehrere Wochen bis Monate an. Durch die intensiven Abbauvorgänge und durch Setzungen infolge des Eigengewichtes reduziert sich das Volumen des Kompostes bis zu 50 %.

Diese Rottephasen laufen im Grunde bei jeder Art von Kompostierung ab, sowohl bei der technischen Großkompostierung im städtischen Kompostwerk als auch bei der einfachen Mietenkompostierung im Garten. Meist ist in den ersten Rottewochen der Ab- und Umbauprozeß am größten. So können bereits in den ersten Wochen 50 % der organischen Substanz abgebaut sein, bei einem möglichen Gesamtabbau von ungefähr 75 % je nach Ausgangsmaterial und Kompostierverfahren. Da die Mikroorganismen in dieser Zeit einen sehr hohen Sauerstoffbedarf haben, muß eine ausreichende Belüftung des verrottenden Materials gewährleistet sein.

Drei Faktoren sind bestimmend für den Rotteprozeß:

1. Sauerstoffzufuhr
Die Rotte ist ein stark sauerstoffzehrender Prozeß; der Sauerstoff wird von den Mikroorganismen bei der Abbauarbeit veratmet. Der Kompost muß stets gut belüftet sein. Ist die Luftzufuhr behindert, so bilden sich sauerstoffarme oder -freie Zonen, in denen dann durch andere Mikroben Fäulnisprozesse eingeleitet werden, die den Rottevorgang stoppen. Dies kann passieren, wenn größere Mengen strukturarmer, wasserhaltiger Abfälle (Küchenabfälle, Rasenschnitt) ohne die Zugabe von festem Material aufgesetzt werden. Diese Materialien klumpen dann zusammen und bilden vernäßte, verdichtete Zonen, in denen der Luftzutritt behindert wird.

Eine ausreichende Luftzufuhr ist durch Mitverarbeitung von sperrigem, strukturbildendem Material wie Heckenschnitt, zerkleinertem Strauchwerk oder Holzhäcksel gewährleistet. Besonders beim Gemeinschaftskompost, wo überwiegend Küchenabfälle verkompostiert werden, ist die Zugabe von Strukturmaterial (Häckselgut) unerläßlich. Bei der Zugabe von zu großen Mengen von Strukturmaterial besteht allerdings die Gefahr der Austrocknung (zuviel Luft).

2. Wassergehalt
Der optimale Wassergehalt liegt bei 40–55 %. Feuchtes Material wie Küchenabfälle und Rasenschnitt sollten mit trockenem, strukturbildendem Material vermischt werden. Die aktiven Bakterien und Pilze benötigen eine feuchte Umgebung. Bei zu niedrigem Wassergehalt kommt die Rotte zum Erliegen; bei zu hoher Feuchtigkeit geht der Kompost in Fäulnis über. Ein einfacher Test zeigt die richtige Feuchte an. Tropft beim Pressen einer Handvoll Kompost Wasser durch die Finger, so ist er zu naß. Zerfällt der gepreßte Ballen beim Öffnen der Hand, so ist er zu trocken. Wenn der Kompost anfängt zu faulen (am Geruch feststellbar), muß er sofort umgesetzt und mit trockenem Strukturmaterial gemischt werden. Sobald die Durchlüftung wieder funktioniert, kommt die Fäulnis zum Erliegen, und die Rotte geht weiter. Falls der Kompost zu trocken sein sollte, hilft ausgiebiges Bewässern.

3. Kohlenstoff/Stickstoff-Verhältnis
Die abbauenden Mikroorganismen brauchen für Wachstum und Vermehrung ein bestimmtes Verhältnis von Kohlenstoff und Stickstoff im Kompostmaterial. Das optimale Kohlenstoff/Stickstoff-Ver-

Tabelle 2: Eigenschaften kompostierbarer Abfälle

Material	Kohlenstoff/Stickstoff-Verhältnis	Wassergehalt (%)	Mischen mit
Küchenabfälle	20–25	70–80	Häckselgut, Strauchschnitt, Papier
Rasenschnitt	15–20	50–70	Laub, Strauchschnitt, Häckselgut
Laub	40–70	30–50	Küchenabfällen, Strauchschnitt, Rasenschnitt
Strauchschnitt	70–150	20–40	Küchenabfällen, Rasenschnitt
Papier, Pappe	150–200	10–20	Küchenabfällen, Rasenschnitt, Strauchschnitt

hältnis liegt bei 20:1 bis 30:1, d.h. 20–30mal mehr Kohlenstoff als Stickstoff. Ist der Kohlenstoffgehalt zu gering, wird der Umsatz gebremst, und der überschüssige Stickstoff kann nicht verwertet werden. Umgekehrt kommt bei Kohlenstoffüberschuß die Rotte zum Erliegen, sobald der Stickstoff verbraucht ist.

Holz und Papier enthalten überproportional viel Kohlenstoff, Rasenschnitt, Mist und Gemüseabfälle mehr Stickstoff. Das gewünschte Verhältnis läßt sich durch Kombination verschiedener Materialien erreichen.

6. Kompostqualität

Mineralstoffhaushalt
Bei der Düngung mit Kunstdünger wird bei Überdosierung oder bei mangelnder Aufnahmefähigkeit von Boden oder Pflanzen ein Teil des Düngers einfach durch den Boden gespült und wandert ins Grundwasser. Die Düngestoffe finden sich dann als unerwünschte Verunreinigungen im Trinkwasser wieder. Es gibt nur noch wenige Wasserwerke, die noch nicht mit Nitratproblemen zu kämpfen haben. Auch private Gärten, Grünanlagen, Golfplätze etc. tragen neben der Landwirtschaft durch maßlose Überdüngung zur Wasserverunreinigung bei.

Bei der Düngung mit Kompost treten diese umweltschädlichen Effekte nicht auf. Im Kompost sind die Nährstoffe an Humusstoffe gebunden und können daher nicht so leicht ausgewaschen werden. Der grundwasserkritische Stickstoff wird erst nach und nach im Laufe mehrerer Vegetationsperioden mineralisiert und damit für die Pflanzen verfügbar. Zu Überdüngung kann es daher nicht kommen. Die Stoffe werden je nach Bedarf freigesetzt und direkt von den wachsenden Pflanzen aufgenommen (Austauschprozesse). Komposterde ist ein Nährstoffpuffer, aus dem wohldosiert die benötigten Mengen freigesetzt werden. Kompost liefert alle wichtigen Pflanzennährstoffe; Zusatzdüngung ist in der Regel nicht notwendig.

Bodenstruktur
Neben seiner Funktion als Nährstoffpuffer verbessert Kompost den Wasserhaushalt und die Struktur des Bodens. Die organische Substanz des Kompostes hat ein hohes Wasseraufnahme- und Speichervermögen. Leichte, sandige Böden können nach Kompostzugabe mehr Wasser aufnehmen und speichern; sie trocknen nicht mehr so schnell aus. Bei schweren lehmigen bis tonigen Böden lockert Kompostzugabe die obere Bodenschicht auf. Das Verklumpen und Verdichten des Bodens wird vermindert. Beim Austrocknen bilden sich keine harten, rissigen Platten mehr. Durch die Auflockerung wird die Luftzufuhr verbessert; der Boden wird wärmer und kann besser durchwurzelt werden.

Ähnliche Strukturverbesserungen lassen sich zwar auch mit Torf erzielen, aber Torf versauert den Boden und ist von Natur aus extrem nährstoffarm. Deshalb muß er mit Kunstdünger aufgepeppt werden (Düngetorf). Abgesehen davon trägt der Torfverbrauch zur Vernichtung der letzten noch intakten Hochmoore bei.

Bodenbelebung
Wie bereits erwähnt, ist der Kompost reichhaltig mit Bodenlebewesen bestückt. Nach Ausbringen des Kompostes sind diese fleißigen Tierchen weiter aktiv und sorgen für eine gute Durchmischung des Oberbodens und für eine optimale krümelige Bodenstruktur. Sie ernähren sich von der noch nicht abgebauten organischen Substanz im Kompost. Die Abbauprozesse setzen sich also auch im Boden fort.

Schadstoffe
In den letzten Jahren ist Kompost vielfach wegen Verunreinigungen und hohem Schwermetallgehalt in Verruf gekommen. Dies gilt jedoch nur für Kompost aus der Müll- oder Klärschlammkompostierung. Komposte aus getrennt gesammeltem Biomüll (Biotonnen) weisen dagegen durchweg sehr geringe Störstoffgehalte und Schadstoffbelastungen auf.

Grundsätzlich sollte Kompost möglichst geringe Belastungen an Schwermetallen, Salzen und chlororganischen Verbindungen enthalten. Diese Schadstoffe können über verschiedene Belastungspfade in den Kompost gelangen. Wenn z. B. Straßenlaub und Straßenkehricht mit Material aus der Biotonne in der kommunalen Kompostanlage zusammengeworfen werden, gelangen Blei, Salz und diverse Kohlenwasserstoffe in den Kompost. Das gleiche kann natürlich auch in Privatgärten passieren, wenn z. B. Hecken- oder Rasenschnitt aus unmittelbarer Nähe einer vielbefahrenen Straße kompostiert wird. Kochsalz kann über gesalzene Speisereste in den Kompost gelangen. Rückstände aus Pestiziden wie Unkraut-, Insekten- und Pilzvertilgungsmittel können über gespritzte Pflanzenteile in den Kompost eingeschleppt werden. Die Rückstände von gespritzten Obstschalen (z. B. Zitrusfrüchte) spielen aber nachweislich keine Rolle im Kompost, solange diese Schalen nicht in großen Mengen aufgebracht werden.

Untersuchungen von Kompostproben aus der Biotonnensammlung zeigen bisher in der Regel sehr geringe Schadstoffbelastungen. Die Schwermetallwerte liegen weit unter den Grenzwerten (nach Klärschlammverordnung). Pestizidrückstände spielen bei Komposten aus Garten- und Küchenabfällen keine Rolle.

Wichtig für die Qualitätsanforderungen ist der Einsatzzweck des Kompostes: Wenn der Kompost auf Gemüsebeete aufgebracht werden soll, muß er möglichst schadstoffarm sein, denn es besteht die Gefahr, daß Schadstoffe in die angebauten Nahrungsmittel übergehen. Weniger hohe Anforderungen können angesetzt werden, wenn Flächen mit Kompost gedüngt werden, auf denen heute und zukünftig keine Nahrungsmittel angebaut werden sollen. Aus Gründen des vorsorglichen Bodenschutzes sollte jedoch grundsätzlich kein nachweislich belastetes Material aufgebracht werden. Schadstoffe, insbesondere Schwermetalle, lassen sich aus Böden nicht wieder entfernen; einmal verseucht – immer verseucht.

Großkompostanlagen machen regelmäßig Qualitäts- und Schadstoffkontrollen ihres Materials. Wer für den privaten Bedarf Komposterde aus diesen Anlagen kauft, sollte nach einer Qualitätsbescheinigung fragen. Im Privatgarten und bei der Gemeinschaftskompostierung sollten die Beteiligten darauf achten, welche Materialien kompostiert werden. Wenn die oben genannten Belastungspfade beachtet werden und belastetes Material gemieden wird, entsteht ein sauberer, qualitativ hochwertiger Kompost.

Bei der kommunalen Kompostierung sollten »saubere« Materialien (Grünabfälle, Biotonnenmaterial) getrennt von schadstoffbelasteten Bioabfällen behandelt werden. Um Stör- und Schadstoffe in den Biotonnen möglichst gering zu halten, muß intensive Beratungsarbeit geleistet werden. In Versuchsprojekten zur Einführung der Biotonne wurde gezeigt, daß intensive Beratung die Sammeldisziplin erheblich verbessert. Wer selber kompostiert, hat naturgemäß die beste Kontrolle über seine Kompostqualität.

Unkrautsamen und Krankheitserreger

Um Samen abzutöten, muß eine Temperatur von etwa 60 °C im Kompost erreicht werden. Außerdem ist dafür zu sorgen, daß die kühleren Randschichten durch Umsetzen auch ins heiße Zentrum gelangen. Wenn in kleinen Kompostern die nötige Temperatur nicht erreicht wird und ein Auskeimen des Unkrautes auf den kompostgedüngten Beeten unerwünscht ist, sollten samentragende Kräuter aus dem Kompost ferngehalten werden. Vorsicht ist auch bei bestimmten Pflanzenkrankheiten (Pilz-, Bakterien-, Virenbefall) geboten. Wenn befallene Pflanzenteile mit kompostiert werden, können die Krankheitskeime unter Umständen über den Kompost weitergeschleppt werden. Wer jedes Risiko ausschließen will, sondert die befallenen Pflanzen aus. Von tierischen Schädlingen (Blattläuse etc.) befallene Pflanzen können bedenkenlos kompostiert werden.

Reifegrad und Kompostverwendung

Der Kompost durchläuft während des Rotteprozesses verschiedene Reifestadien. Seine Pflanzenverträglichkeit verbessert sich mit zunehmender Reife. Unreifer Kompost enthält eine Reihe von Abbau-Zwischenprodukten, die empfindliche Pflanzen (vor allem Setzlinge) schädigen oder die Keimung behindern.

Unreifer Kompost kann als Mulchmaterial zum Beispiel unter Bäumen und Sträuchern ausgebracht werden. Für Gemüsebeete, Blumen und Blumenkästen (besonders für Saatbeete) sollte dagegen nur Reifekompost verwendet werden. In Kästen und Blumentöpfen wird der Kompost mindestens im Verhältnis 1:1 mit Gartenerde oder besser mit der alten Topferde gemischt. Auf den Gartenbeeten wird der Kompost in einer dünnen Schicht aufgebracht und durch leichtes Einhacken mit dem Oberboden vermengt.

Wie kann der Reifegrad festgestellt werden? In einer professionellen Qualitätskontrolle werden Kompostproben auf den Gehalt von verschiedenen chemischen Verbindungen (Nitrit, Nitrat, Sulfit, Sulfat, Ammonium) untersucht. Dafür sind eine Laborausrüstung und Fachkenntnisse nötig. Für den Hausgebrauch sind solche Untersuchungen nicht erforderlich. Wenn der Rottefortschritt beurteilt werden soll, reichen optische und Geruchs-Kontrollen aus. Dazu entnimmt man eine Handvoll Material aus dem Inneren des Kompostes. Zeigt das Material eine schwarzbraune Färbung und ist die Struktur der ursprünglichen Abfälle noch erkennbar, so ist die erste Abbauphase abgeschlossen, und es liegt ein Rohkompost vor. Wenn keinerlei Strukturen mehr erkennbar sind und das Material sich locker-krümelig anfühlt und wie frische Walderde riecht, ist der Kompost reif.

Wer ganz sichergehen will, kann noch einen Keimversuch mit Kresse machen. Dazu wird eine flache Schale mit dem zu prüfenden Kompost gefüllt und mit Kressesamen eingesät. Geht die Kresse innerhalb von 24 bis 48 Stunden auf und wächst dicht und kräftig, so ist das Material pflanzenverträglich und auch für Saatbeete geeignet.

7. Was ist kompostierbar?

Im Prinzip kann jedes organische Material verrotten: alle pflanzlichen und tierischen Reststoffe, Holz, Papier/Pappe, Leder, Wolle-/Baumwolltextilien etc. Verrottungsresistent sind z.B. alle Kunststoffmaterialien, obwohl auch sie größtenteils aus organischen Grundstoffen (Erdöl) aufgebaut sind, sowie Metalle, Glas, Keramik und andere mineralische Stoffe.

Für die Kompostierung eignen sich jedoch nur bestimmte, hauptsächlich pflanzliche, Reststoffe. Die in Frage kommenden Stoffe müssen sich schnell zersetzen (innerhalb von Wochen bis Monaten) und dürfen keine Störstoffe und vor allen Dingen keine Schadstoffe enthalten. Schadstoffe sind zum Beispiel in buntbedruckten Papieren (Schwermetalle), in Leder (Chrom) und in Textilien (chemische Faserausrüstung, Farbstoffe) enthalten; deswegen kommen sie für die Kompostierung nicht in Frage. Holz verrottet zu langsam und ist oft oberflächenbehandelt (Schadstoffe). Andere Materialien, wie Fleisch- und Fischreste, gekochte Essensreste, Exkremente von Haustieren, sind aus hygienischen Gründen im Kompost unerwünscht, weil sie zu starker Geruchsentwicklung neigen und eventuell Tiere anlocken. Essensreste können aber durchaus mitkompostiert werden, wenn dabei keine Belästigungen Dritter (Nachbarn) auftreten. Kleine Mengen an Papier, wie zum Beispiel Kaffeefilter, Küchenpapier oder Zeitungspapier vom Gemüseputzen lassen sich völlig problemlos mitkompostieren.

Die folgenden *Tabellen 3* und *4* geben Auskunft über kompostierbare und nicht kompostierbare Materialien aus Haus und Garten.

Tabelle 3: Kompostierbare Materialien

Geeignete Materialien	Bemerkungen
Aus Küche und Haus:	
● Obstreste	
● Salat- und Gemüsereste	
● Schalen von Südfrüchten	auch »gespritzte« Obstschalen in kleinen Mengen hinterlassen keine nachweisbaren Rückstände im Kompost
● Kaffeesatz und Teereste incl. Filter/Beutel	Papierfilter und -beutel verrotten sehr gut
● Haushaltspapier, Zeitungspapier in kleinen Mengen (z. B. vom Gemüseputzen), Pappe in kleinen Mengen (z. B. Eierkartons)	eine mäßige Papierzugabe wirkt sich positiv auf das Kohlenstoff/Stickstoff-Verhältnis aus, speziell bei Küchenabfällen
● Schnittblumen, Topfpflanzen incl. Erde	
● Eierschalen (zerdrückt)	günstig als Kalkzusatz
● Mist/Einstreu von Kleintieren (Heu, Stroh, Sägemehl, Holzwolle, Vogelsand etc.)	aber keine mineralische Katzenstreu (weiße Körner); sie saugt zuviel Flüssigkeit aus dem Kompost
● Wollreste, Haarschnitt	verrotten gut; nur Naturmaterialien
Garten- und Grünabfälle:	
● Rasenschnitt	vor dem Zusammenharken anwelken lassen, um den Wassergehalt zu vermindern; neigt zur Bildung von Fäulnisbänken; Strukturmaterial beimischen
● Strauch- und Heckenschnitt	möglichst kleinschneiden/häckseln
● Baumschnitt, größere Äste	rotten sehr langsam; häckseln
● Laub	mit Rasenmäher kleinhäckseln und portionsweise in den Kompost geben oder als Mulchmaterial verwenden
● Fichtennadeln und andere Koniferennadeln und -zweige	versauern den Kompost; nur portionsweise beigeben; am besten unter den Bäumen liegenlassen
● samentragendes Unkraut	Vorsicht! Samen überleben Kompost, wenn er nicht heiß genug wird
● Fallobst	nach und nach in kleinen Portionen beigeben; gut mischen; Fäulnisgefahr

Tabelle 4: Nicht kompostierbare Materialien

Ungeeignete Materialien	Bemerkungen
• gekochte Essensreste (sind im Prinzip kompostierbar)	Geruchsentwicklung möglich; Tiere können angelockt werden
• Knochen, Fleisch- und Fischreste (s. o.)	Geruchsentwicklung möglich; Tiere können angelockt werden
• Käserinden und Wurstpellen	sind oft aus Plastik
• Öle und Fette in größeren Mengen	schwer verrottbar
• Nußschalen	rotten sehr langsam; finden sich im fertigen Kompost wieder
• bunt bedrucktes Papier (Illustrierte etc.)	enthält giftige Farbstoffe
• Zigarettenkippen/-asche	enthalten zahlreiche Giftstoffe
• Leder	rottet sehr langsam; enthält Schadstoffe
• Gummi	verrottet nicht
• Kehricht, Staubsaugerbeutel	enthalten zahlreiche Schadstoffe
• Gips, Mörtelreste	verrotten nicht
• Exkremente von größeren Haustieren (Hunde, Katzen)	aus hygienischen Gründen
• mineralische Katzenstreu (weiße Körner)	verrottet nicht; saugt zuviel Flüssigkeit aus dem Kompost (Austrocknungsgefahr)
• Wegwerfwindeln	aus hygienischen Gründen; enthalten Kunststoff-Folie
• Tapetenreste	schadstoffhaltig
• Papier und Pappe in größeren Mengen	besser der Wiederverwertung zuführen
• Glas, Keramik	Störstoffe; Verletzungsgefahr
• alle Kunststoffe (Frischhaltefolien, Beutel, Tüten usw.)	verrotten nicht, auch wenn draufsteht, sie seien grundwasserneutral und abbaubar
• befallene Pflanzenteile (Pilz-, Bakterien-, Virenbefall)	Krankheitserreger können unter ungünstigen Umständen im Kompost überleben

8. Der Kompostplatz

Bei der Auswahl eines Standortes für den Kompost sind folgende Punkte zu beachten:

Standort
Der Kompostplatz sollte an einem möglichst geschützten, schattigen Platz im Garten oder in der Grünfläche liegen, am besten unter Büschen und Bäumen. Starke Sonnenbestrahlung führt zu schnellem Austrocknen des Kompostmaterials; außerdem können sich Fruchtfliegen unter solchen Bedingungen explosionsartig vermehren. Sie sind nicht schädlich, werden aber vielfach als Belästigung empfunden. In einer zugigen Ecke kühlt der Kompost schneller aus, was den Rotteprozeß verlangsamt. Ein Vorschlag ist, den Platz mit Büschen oder Hecken zu umpflanzen.

Der beste Untergrund für den Kompost ist Naturboden, da hier überschüssiges Wasser ungehindert versickern kann und Bodenlebewesen ungehindert Zutritt zum Kompost haben. Sollte es mal zum Durchfrieren des Kompostes kommen, was in unserem Klima selten passiert, können sich diese Tiere in tiefere Bodenschichten zurückziehen.

Behördliche Vorschriften
Vorgeschrieben ist ein Abstand von mindestens 50 cm zwischen Grundstücksgrenze und Kompost. Wenn der Kompost eine Höhe von 1,50 m überschreitet, muß dieser Abstand noch größer werden. Vom Kompost darf keine erhebliche Geruchsbelästigung, zum Beispiel deutlicher Fäulnisgeruch, ausgehen. Lassen Sie sich nicht von Nachbarn beeinflussen, die Ihnen wegen des unerwünschten Kompostes mit Klage drohen. Solange die oben genannten Vorschriften eingehalten werden, gibt es keine Grundlage für ein rechtliches Vorgehen. Im Zweifelsfalle holen Sie sich Rat beim Ordnungsamt, bei der unteren Naturschutzbehörde (Umweltamt) oder bei einem Rechtsanwalt.

Zugänglichkeit des Platzes
Wer möchte schon im Winter mit seinem Bio-Eimerchen über nasse Wiesen laufen und im Morast waten, um den Kompost wegzubringen? Wenn die Verhältnisse so sind, siegt dann doch die Bequemlichkeit, und der Küchenmüll landet wieder im Mülleimer. Deswegen sollte der Komposter nicht im hintersten Winkel untergebracht sein. Gegebenenfalls empfiehlt es sich, um den Kompostplatz und auf dem Zugangsweg ein paar Platten oder Trittsteine zu verlegen.

Dies gilt besonders für die Gemeinschaftskompostierung, wo lange Wege von den teilnehmenden Haushalten nicht akzeptiert werden. Wenn schon die häßlichen Müllbehälter zentral, gut erreichbar aufgestellt sind, sollte auch der Komposter nicht im Abseits versteckt werden; aus den Augen – aus dem Sinn! Falls bei Gemeinschaftskompostprojekten die Standortfrage für den Kompostplatz nicht lösbar ist, kann als Notbehelf eine Sammel-Biotonne z. B. bei den Müllbehältern aufgestellt werden, die dann von den Betreuern regelmäßig zum Kompostplatz gebracht wird. Nachteil: Der direkte Bezug der Teilnehmer zum Kompostieren geht teilweise verloren; der Biomüll wird wiederum nur in eine Tonne entleert.

Platzbedarf
Für einen kleinen Reihenhausgarten reichen schon 2–3 m^2 für die Aufstellung eines Kompaktkomposters. Das entkräftet das immer wieder gehörte Argument, der Garten sei zu klein, um dort auch noch einen Kompost anzulegen. In einem Kleingarten fällt ja auch entsprechend wenig Material an. In größeren Gärten, wo viel Grünmaterial anfällt, muß Platz für mehrere Kompostmieten oder großvolumige Komposter eingeplant werden. Für die Gemeinschaftskompostierung ist für 20 bis 50 teilnehmende Parteien eine Fläche von ca. 20–30 m^2 vorzusehen.

Wo soll ich den ganzen Kompost denn unterbringen, wenn er fertig ist? Diese Frage taucht regelmäßig bei der Kompostberatung auf. In der Praxis merkt der Kompostierer schnell, daß die übrigbleibende Menge an fertiger Komposterde erstaunlich klein ist. Ca. 70% der Anfangsmasse der Bioabfälle geht im Laufe der Rotte verloren. Das Volumen geht sogar noch stärker zurück. Der verbleibende Rest an Reifekompost kann problemlos im Garten oder in den Grünanlagen untergebracht werden.

9. Kompostiersysteme im Vergleich

Grundsätzlich läßt sich mit allen der im folgenden beschriebenen Kompostiersysteme ein brauchbarer Reifekompost erzielen. Unterschiede liegen in der Handhabung, in der Rottegeschwindigkeit, im Platzbedarf und in den Systemkosten. Auch die »Optik« ist oft ein Entscheidungskriterium. Wenn der Anblick von Eierschalen auf dem Kompost beim Vermieter oder bei den Nachbarn schwere Mißstimmungen hervorruft, sollte an die Anschaffung eines geschlossenen Systems gedacht werden. Von naturverbundenen Gartenliebhabern wird wohl eher ein geschlossener Kunststoffkomposter als Fremdkörper empfunden.

Bei der Auswahl sollte auch berücksichtigt werden, aus welchem Material das System hergestellt wurde. Kesseldruckimprägniertes Holz (Latten-/Stangenkomposter) ist häufig mit giftigen Pestiziden imprägniert worden. Diese Stoffe lösen sich teilweise wieder aus dem Holz und gehen in Kompost und Erdreich über. Es wird empfohlen, Kompoststiegen aus rohem unbehandelten Holz zu erwerben oder zu bauen. Die Standfestigkeit solcher Systeme kann bei richtiger Konstruktion und Aufstellung durchaus 10 Jahre und länger betragen. Wichtig ist vor allem, daß die Füße des Komposters keinen direkten Erdkontakt haben (auf Steine stellen), um vorzeitiges Verrotten zu verhindern. Kunststoff neigt durch UV-Strahlung und Witterungseinflüsse zum Verspröden und wird nach Jahren brüchig. Recyclingkunststoff ist Neumaterial vorzuziehen. Sehr robust und langlebig sind Gitterkomposter aus verzinktem Stahlblech. Sie sind auch unter Umweltgesichtspunkten zu empfehlen, da sie als Schrott dem Recycling zugeführt werden können.

Bei allen Kompostertypen ist auf solide und handhabungsfreundliche Konstruktion und Verarbeitung zu achten. »Billige« Geräte können sich verziehen und lassen sich dann nicht mehr auseinandernehmen oder neu zusammensetzen. Oft findet man scharfkantige, festkorrodierte oder brüchige Verbindungsschrauben und Halterungen. Geschlossene Systeme, die sich nicht zerlegen lassen, erfordern beim Umsetzen manchmal »herkulische« Kräfte. Beachtenswert sind Produkttests, z. B. von Stiftung Warentest.

Kompostmiete / Komposthaufen

Verfahren / Handhabung
Beim klassischen Mietenverfahren wird das frische Material zu einem Hügel angehäuft. Die Miete wird bei einer Fußbreite von 1–1,5 m bis zu einer Höhe von 1–1,5 m aufgesetzt. Weiteres Material wird seitlich an die Miete angesetzt. Nach der ersten Rottephase wird die Miete vom älteren Ende her abgegraben und auf eine neue Miete umgesetzt. Nach zwei- bis dreimaligem Umsetzen ist der Kompost ausgereift und kann abgesiebt werden. Die gröberen Siebrückstände werden dem nächsten Kompost wieder zugesetzt. Frisch aufgebrachte Bioabfälle werden außen mit Strukturmaterial (z. B. Häckselgut) abgedeckt, um Tiere fernzuhalten.

Rotteverlauf
Sonne, Wind und Regen wirken ungehindert auf die vergleichsweise große Oberfläche der Miete. Dadurch kommt es zu starken Schwankungen der Rottebedingungen im Inneren der Miete. Durch Vernässung und Auskühlung bei ungünstiger Witterung wird der Rotteprozeß stark verlangsamt oder kommt zeitweise zum Erliegen (beispielsweise im Winter). Insgesamt benötigt die Rotte 9 Monate oder länger.

Einsatzgebiet / Kosten
Abgesehen von Bodenbefestigungen, Grabgabel und Sieb fallen keine weiteren Kosten an. Die Mietenkompostierung ist das kostengünstigste Kompostierverfahren. Der Platzbedarf ist allerdings vergleichsweise groß, unter anderem wegen der längeren Rottedauer. Wenn die Optik der offenen Kompostmieten nicht stört und kein Platzmangel herrscht, ist die Mietenkompostierung die Methode der Wahl (z. B. in größeren Gärten).

Offene Komposter

Verfahren / Handhabung
Offene Stangen-, Latten- oder Gitterkomposter gibt es in zahlreichen Varianten und aus unterschiedlichen Materialien. Die meist rechteckigen Kästen setzen sich aus ineinandersteckbaren Latten / Stangen oder aus komplett abnehmbaren Seitenwänden zusammen.

Als Baumaterialien kommen Holz, Metall und Kunststoff zum Einsatz. Das Volumen beträgt in der Regel 1–2 Kubikmeter. Bei Inbetriebnahme des Komposters wird zuunterst eine Lage aus sperrigem

Abb. 8: Kompostertypen – 6 Beispiele

Strukturmaterial eingefüllt; sie dient der Drainage und zur besseren Durchlüftung. Die Bioabfälle werden schichtweise gut gemischt aufgebracht. Küchenabfälle werden mit Gartenabfällen oder Häcksel abgedeckt. Bei gefülltem Komposter werden die Seitenwände entfernt und die oberste Schicht aus Frischmaterial abgenommen. Dieses Material wird als Starter in den neu aufgebauten Komposter eingebracht. Der stehenbleibende Block aus Rohkompost wird abgegraben und zur Nachrotte auf Miete gesetzt.

Rotteverlauf
Die der Witterung ausgesetzte Oberfläche des Kompostes ist kleiner als bei der Mietenkompostierung. Dadurch ist der Wärmehaushalt etwas stabiler und die Rotte zügiger. Um das Durchnässen des Kompostes zu vermeiden, empfiehlt es sich, die Oberfläche abzudecken (z. B. mit einem Stück Plastikfolie), so daß das Regenwasser seitwärts abfließen kann. Durch die allseitig offene Bauweise ergeben sich Unterschiede im Rottefortschritt zwischen Rand- und Kernzone. Deshalb sollte der Kompost nach zwei bis vier Monaten wie oben beschrieben umgesetzt werden.

Einsatzgebiet / Kosten
Offene Komposter kosten je nach Material, Verarbeitungsqualität und Größe zwischen 30 und 300 DM. Sie sind in kleineren und mittelgroßen Gärten sowie bei Gemeinschaftskompostanlagen gut einsetzbar. Sie sind kompakter und nehmen weniger Platz in Anspruch als das offene Mietenverfahren. Auch in der Handhabung sind sie gegenüber dem Mietenverfahren leicht im Vorteil.

Geschlossene Komposter

Verfahren / Handhabung
Bei diesem System ist der Kompost durch geschlossene Seitenwände und einen Deckel weitgehend vor Witterungseinflüssen geschützt. Es gibt tonnenförmige Silos mit gelochter Bodenplatte und seitlichen Entnahmeklappen oder zerlegbare eckige Systeme ohne Bodenplatte sowie zahlreiche Bauvarianten. Manche Systeme sind zusätzlich mit einer Hartschaum-Wärmeisolierung ausgestattet (»Thermokomposter«). Die Behälter fassen ein Volumen zwischen 200 und 600 Litern.

Die Handhabung ist ähnlich wie bei den offenen Kompostern. Zuunterst wird eine Schicht von Strukturmaterial eingefüllt. Das Frischmaterial wird gut gemischt schichtweise von oben eingefüllt. Wenn der Behälter voll ist, wird er nach oben abgezogen oder zerlegt. Von dem stehenbleibenden Block wird das Frischmaterial abgenommen. Der Rest kann zur Nachrotte einfach stehenbleiben oder umgesetzt werden. Wenn die eingefüllten Mengen so gering sind, daß der Komposter nicht voll wird, kann nach ca. 3 bis 6 Monaten ausgereiftes Kompostmaterial durch die unten liegenden Entnahmeöffnungen abgegraben werden. In diesem Fall bleibt der Komposter stehen und wird kontinuierlich weiterbeschickt.

Rotteverlauf

Im geschlossenen Komposter herrschen sehr gleichmäßige Rottebedingungen. Das Material ist vor Austrocknung geschützt. Mit Wärmeisolierung bleibt der Kompost auch im Winter aktiv. Das Material rottet gleichmäßig in Kern- und Randschichten und braucht daher auch nicht umgesetzt zu werden. Insgesamt läuft die Rotte deutlich schneller als bei den offenen Verfahren. Im Idealfall erhält man Reifekompost schon nach 3 bis 4 Monaten. In der Handhabung sind die geschlossenen Systeme aber weniger fehlertolerant. Wenn die Materialmischung ungünstig ist, kann es schneller zu Verdichtungen und Fäulnis oder, in seltenen Fällen, zur Austrocknung kommen. Wenn zum Beispiel größere Posten frischen Rasenschnitts eingefüllt werden, ist die Bildung von Fäulniszonen fast zwangsläufig. Es wurden auch schon Fälle beobachtet, wo der Kompost durch Einbringen von mineralischer Katzenstreu staubtrocken war.

Bei geschlossenen Kompostsystemen muß besonders auf eine ausgewogene Materialmischung geachtet werden. Wenn überwiegend Küchenabfälle eingesetzt werden und Strukturmaterial nicht vorhanden ist, muß notfalls Holzhäcksel oder Rindenmulch zugekauft werden.

Einsatzgebiet/Kosten

Wegen der kompakten Bauweise und der schnellen Rotte finden geschlossene Komposter besonders Anwendung bei geringem Platzangebot (Hinterhof, Kleinstgarten). Für diese Anwendungen reicht das geringe Volumen der Behälter vollkommen aus.

Die Systeme kosten je nach Ausstattung zwischen 200 und 650 DM. Für größere Gärten oder Grünflächen können sie aufgrund des geringen Volumens und der hohen Kosten nicht empfohlen werden. Als Entscheidungskriterium muß noch erwähnt werden, daß die geschlossenen Systeme den Kompost ganz den Blicken entziehen und daher dem »deutschen Sauberkeitsideal« sicherlich entgegenkommen. Wenn optische Einwände von Mitbewohnern, Vermietern oder

Tabelle 5: Kompostiersysteme im Vergleich

System	Einsatzgebiet	Vorteile	Nachteile	Kosten (DM)
Offene Kompostmiete (Komposthaufen)	größere Gärten; Gemeinschaftskompostierung	keine Volumenbegrenzung; Rotteprozeß sichtbar (Umweltlernen)	längere Rotte; witterungsabhängig; hoher Platzbedarf; mehrmaliges Umsetzen	–
Offener Komposter (Latten/Gitter/Stangen/Kisten)	kleine und mittlere Gärten; Gemeinschaftskompostierung	großes Volumen; einfache Handhabung; platzsparend	längere Rotte; witterungsabhängig; Umsetzen erforderlich	30–300
Geschlossener Komposter (rund oder eckig, mit Deckel)	Kleinstgärten; Hinterhöfe	kurze Rotte; weniger witterungsabhängig; geringer Platzbedarf; kein Umsetzen erforderlich	geringes Volumen; weniger fehlertolerant	200–650
Hauskomposter (Kisten/Tonnen/od. and. Behälter)	Keller; Balkon; Garage	kann überall ohne Erdanschluß aufgestellt werden	neigt zum Vernässen und Faulen; Probleme beim Verwerten des fertigen Kompostes	0–100

Nachbarn entkräftet werden müssen, sind diese Komposter ein guter Kompromiß.

Hauskomposter

Verfahren/Handhabung
Als »Hauskomposter« soll ein vollständig geschlossener Kompostbehälter bezeichnet werden, der z. B. im Keller, in der Garage oder auf dem Balkon aufgestellt werden kann. Dies können Holzkisten, Plastiktonnen mit Deckel oder andere Behälter sein. Sie sind im Spezialhandel zu beziehen oder können selber gebaut werden.

Prinzipiell ist die Kompostierung in einem geschlossenen Behälter ohne Anschluß an den Erdboden möglich. In der Regel werden diese Systeme als »Wurmkomposter« betrieben (siehe unten). Als Bodenschicht wird eine Handbreit Holzhäcksel oder ähnliches Strukturmaterial eingefüllt. Darüber wird das obere Frischmaterial der vorherigen Füllung samt Kompostwürmern geschichtet. Falls der Komposter erstmalig bestückt wird, sollte Startermaterial mit Würmern anderweitig besorgt oder im Versandhandel bestellt werden. Im folgenden werden die Bioabfälle gut gemischt und mit möglichst trockenem Strukturmaterial eingeschichtet. Wenn mehrere Wochen kein Frischmaterial eingefüllt wird, verhungern die Würmer!

Wenn der Behälter voll ist, wird die obere frische Schicht samt Würmern für die nächste Füllung abgenommen und der fertige Kompost verwertet. Die Unterbringung des Materials kann mangels Garten durchaus Probleme bereiten. Mögliche Ausbringungsorte wären beispielsweise umliegende Grünflächen oder Straßenbäume; oder der Kompost wird an einen interessierten Gartenbesitzer abgegeben.

Rotteverlauf
Aufgrund des kleinen Volumens kommt es im Hauskomposter nicht zur Heißrotte. Eine zentrale Rolle spielen hier die Kompostwürmer, die das Material zerkleinern, verdauen, vermischen und damit den Abbauprozeß fördern. Ein großes Problem im Hauskomposter ist das überschüssige Wasser. Besonders Küchenabfälle setzen sehr viel Wasser frei. Aufgrund der fehlenden Heißrotte verdunstet kaum Flüssigkeit; versickern kann auch nichts. Also sammelt sich das Wasser unten im Komposter. Die Luftzufuhr wird unterbunden und das unten liegende Material geht in Fäulnis über. Dem kann nur durch die Zugabe von trockenem Zuschlagmaterial (Holzhäcksel, Papier/Pappe oder getrockneter Erde), das die Überschußfeuchte aufsaugt, begegnet werden. Für die richtige Mischung ist viel Fingerspitzengefühl und Erfahrung nötig.

Einsatzgebiet/Kosten
Aufgrund der oben geschilderten Schwierigkeiten mit Nässe und Fäulnis kann die Hauskompostierung höchstens als Notbehelf empfohlen werden, wenn weder Gemeinschaftskompostierung möglich ist, noch eine Biotonne in Anspruch genommen werden kann. Wem einmal der Kompost in der Tonne verfault ist, der wird höchstwahrscheinlich keinen weiteren Versuch starten und ist auf dieses Thema nicht mehr ansprechbar. Die Kosten für einen Hauskomposter liegen je nach Eigenbauinitiative zwischen 0 und 100 DM.

Teil 3
Intensivierung der Eigenkompostierung und Einführung der Gemeinschaftskompostierung
Konzepte und Modelle

10. Die Kommunen müssen handeln

Das Ziel jedes ökologisch orientierten Abfallkonzeptes sollte es sein, einen möglichst hohen Anteil der potentiellen Eigenkompostierung zu aktivieren. Dazu reicht es nicht, an Privatinitiative zu appellieren und Faltblätter und Müllfibeln zu verteilen. Diese Form der Öffentlichkeitsarbeit erreicht höchstens die wenigen Prozent sowieso schon umweltaktiver Bürger und ist eher ein Zeichen für die Ideen- und Konzeptlosigkeit kommunaler Entscheidungsträger. Der verbreiteten Ansicht von Umweltdezernenten oder -beauftragten, Eigenkompostierung sei eine rein private Angelegenheit, mit der die Kommune nichts zu tun habe, muß entschieden entgegengetreten werden!

Die im folgenden beschriebenen Modelle zur Förderung der Eigenkompostierung und Gemeinschaftskompostierung unterscheiden sich von der bisher überwiegend praktizierten Umwelt- und Abfallberatung (inkl. Kompostberatung) darin, daß nicht die vorhandene, vergleichsweise geringe, Nachfrage nach Information und Beratung befriedigt werden soll, sondern in einer aktiven »foot in the door«-Strategie die Haushalte flächendeckend direkt angesprochen werden. Dies ist nur über den unmittelbaren und persönlichen Beratungskontakt zum Bürger möglich. Jede andere Form der Kontaktaufnahme über Medien, Öffentlichkeitsaktionen, Multiplikatorenarbeit usw. ist für die gesteckten Müllminderungsziele nicht effektiv genug und hat allenfalls begleitenden oder verstärkenden Charakter.

Diese »Direktvertriebsstrategie« ist zwar personalintensiv und damit teuer, aber dafür ungleich erfolgreicher als alle anderen Konzepte. Mittelfristig gesehen lohnen sich massive Investitionen in Aufklärung und Motivation auch unter betriebswirtschaftlichen Aspekten. Wir können nicht mehr ein bis zwei Generationen warten, bis Umweltbewußtsein und Handlungsmotivation bei unseren Mitbürgern von allein so weit gewachsen sind, daß sie von sich aus auf die Kommune zugehen und Beratung nachfragen.

Kommunale Initiative ist gefordert! Das bedeutet: Es muß ein umfassendes Konzept zur Förderung der Eigenkompostierung in all ihren Variationen erstellt und in das bestehende Abfallwirtschaftskonzept eingebunden werden. Hierfür muß nötigenfalls qualifiziertes

Abb. 9: Kommunale Förderkonzepte – Ansatzpunkte und Zielgruppen

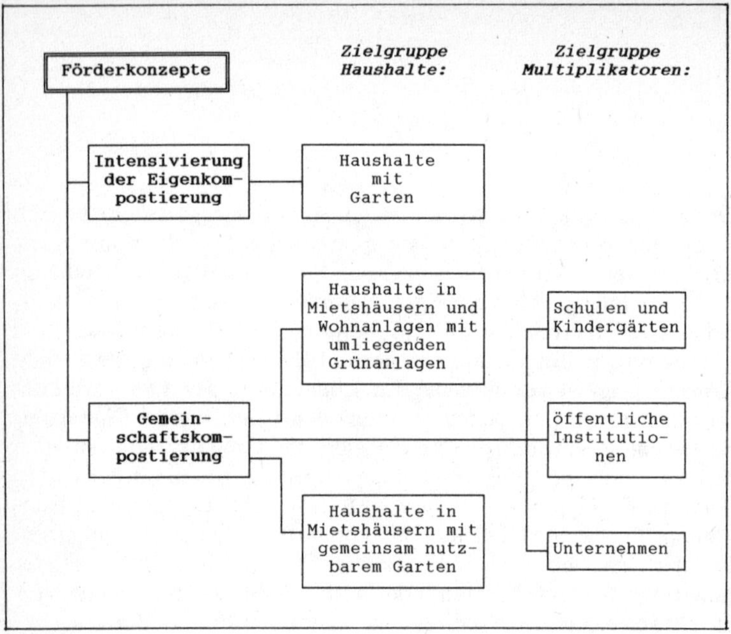

Personal eingestellt oder externes Know-how eingekauft werden. Kommunalpolitiker müssen dies bei ihrer Verwaltung einfordern. Engagierte Bürger, die keinem politischen Gremium angehören, können zum Beispiel über Bürgeranträge und öffentlichkeitswirksame Aktionen dieses Thema in die kommunalpolitische Diskussion bringen.

Im dritten und letzten Teil des Buches werden konzeptionelle Lösungsvorschläge für unterschiedliche Varianten zur Förderung der Eigenkompostierung vorgestellt. Die Modelle basieren auf den Erfahrungen diverser erfolgreicher Projekte in Bielefeld, München, Erlangen und Zürich sowie auf eigenen Erfahrungen mit Pilotprojekten in Krefeld und Mönchengladbach. Die Projektskizzen sind als Gedankenanstöße gedacht, die auf die jeweiligen lokalen Gegebenheiten übertragen und in entsprechende Konzepte umgesetzt werden müssen.

11. Förderung der Eigenkompostierung in gartenreichen Siedlungsgebieten

In den nächsten Jahren wird aus abfallwirtschaftlicher Notwendigkeit und zwangsweise infolge der neuen Abfallgesetzgebung aller Orten die Biotonne eingeführt werden. Um die notwendige Akzeptanz für das System zu schaffen und die Qualität der gesammelten Bioabfälle sicherzustellen, wird umfangreiche Beratungs- und Motivationsarbeit unumgänglich sein.

Da bietet es sich geradezu an, synchron mit der Einführung der Biotonne eine Kampagne zur Förderung der Eigenkompostierung durchzuführen. Auf diese Weise können mehrere Fliegen mit einer Klappe geschlagen werden. Die Zahl der aufgestellten Biotonnen wird möglichst gering gehalten (Kostenreduktion) und gleichzeitig das Eigenkompostierungspotential so weit wie möglich ausgeschöpft. Durch intensive Aufklärungsarbeit und Anreizinstrumente wird die Sammeldisziplin der Biotonnenbenutzer verbessert und die Verwertungsquote der Eigenkompostierer deutlich erhöht.

Ausgangssituation

Kompostierung in gartenreichen Siedlungsgebieten
Die Ingenieurgemeinschaft Technischer Umweltschutz (ITU) aus Berlin hat in den Jahren 1988 bis 1990 eine umfangreiche Untersuchung zur Wirksamkeit von Maßnahmen zur Förderung der Eigenkompostierung im Landkreis München durchgeführt.[1] Die interessanten Ergebnisse dieses wissenschaftlichen Großprojektes sollen im folgenden kurz dargestellt und als Basis für die Modellentwicklung genutzt werden.

In gartenreichen Stadtrandgebieten in der Peripherie von München mit überwiegender Ein- und Zweifamilienhausbebauung wurde vor Beginn der Fördermaßnahmen mittels Müllsortieranalysen und Befragung der Haushalte folgende Ausgangssituation festgestellt:

1 ITU Ingenieurgemeinschaft Technischer Umweltschutz GmbH, Wiegel, U., et al.: Möglichkeiten der Intensivierung der Eigenkompostierung am Beispiel des Landkreises München – Endbericht, Berlin 1990

- Zwischen 65 und 80% der Haushalte kompostieren bereits. Der größte Teil der Bioabfälle wird im Garten verwertet.
- Trotzdem werden 42% der kompostierbaren Abfälle extern entsorgt; 29% landen in der Mülltonne, und 13% werden zur Grünabfuhr gegeben.
- Die hohe Eigenkompostierung ist in erster Linie auf das knappe zur Verfügung stehende Mülltonnenvolumen zurückzuführen und nicht etwa auf den hohen Stand des Umweltbewußtseins.
- In vielen Fällen sind Platzmangel durch systemlose Kompostierung, schlechte technische Ausrüstung und mangelnde Kenntnisse der Grund, daß nicht alle möglichen Biomaterialien kompostiert werden. Strauchschnitt, Küchenabfälle und Haushaltspapier werden nur teilweise mitkompostiert.
- Im Frühjahr und Herbst werden große Mengen an saisonal anfallenden Materialien (Astschnitt, Laub, Beetabfälle etc.) zur Grünabfuhr bereitgestellt.

Demnach existiert ein beträchtliches Steigerungspotential der Eigenkompostierung, das zum Teil durch Gewinnung von Neueinsteigern in die Kompostierung und in der Hauptsache durch Erhöhung der Verwertungsquote der vorhandenen Kompostierer ausgeschöpft werden kann. Zielrichtung der Förderaktivitäten ist die Verbesserung der technischen Kompostierausrüstung sowie die Erhöhung des Kenntnisstandes und der Motivation.

Im Landkreis München konnte allein durch kostenlose Zurverfügungstellung von Kompostern und Informationsarbeit eine Restmüllminderung von ca. 12% in den Fördergebieten erzielt werden.

Problemstellung für die Kommune

Die Kommune, die Maßnahmen ergreifen will, den kompostierbaren Organikanteil im Hausmüll zu vermindern, befindet sich in einer Zwickmühle:

Durch Bereitstellung von Biotonnen und anderen zusätzlichen Biomüll-Entsorgungskapazitäten (z. B. Grünabfuhr) wird einerseits eine hohe Verminderung des Biomülls im Hausmüll erreicht, auf der anderen Seite werden zusätzliche Biomüllmengen eingesammelt und die Eigenkompostierung zurückgedrängt. Je höher der »Sammelerfolg« bei der Biomüllsammlung, desto höher werden die Kosten für die Kommune. Wie die Münchener Untersuchungen zeigen, gibt es in den Gärten noch ungeahnte »Reserven« an Organik, die der Eigenkompostierung entzogen und in die Biotonne verlagert werden können.

Setzt die Kommune andererseits allein auf die Förderung der Eigenkompostierung, so besteht das Risiko, daß die erreichbare Minderung des Restmülls bei 10–15% stagniert. Das würde bedeuten, daß 15–20% Organik in der Mülltonne verbleiben.

Folgende Forderungen muß ein Modell zur Minderung der Organik im Hausmüll in gartenreichen Siedlungsgebieten erfüllen:

- Das Niveau der Eigenkompostierung soll so weit wie möglich erhöht werden (Gewinnung von Neueinsteigern, Erhöhung der Verwertungsquote, Abbau der nicht kompostierten saisonalen Spitzen an Gartenabfällen im Frühjahr und Herbst).
- Die Erhöhung der Gesamtmenge der einzusammelnden Abfälle (Biomüll plus Restmüll) soll so gering wie möglich ausfallen.
- Die Biotonne soll nur bei Haushalten aufgestellt werden, die nicht für die Kompostierung zu gewinnen sind. D.h., es soll erreicht werden, daß der Eigenkompostierung bei den Haushalten ein höherer *Wert* zugemessen wird als der Biotonnensammlung.

Fördermodell

Um teure Beratungskapazitäten möglichst effizient einzusetzen, sollen in diesem Modell die Förderung der Eigenkompostierung, die Einführung der Biotonne sowie die Einführung eines Wertmarkensystems (vgl. *Kap. 4*) parallel erfolgen. Dies muß aber nicht zwangsläufig so sein; grundsätzlich ist die Förderung der Eigenkompostierung auch unabhängig von anderen Maßnahmen möglich und sinnvoll. Wenn beispielsweise die Einführung der Biotonne aus technischen Gründen erst in 2 Jahren möglich ist, können diese 2 Jahre schon zur Förderung der Eigenkompostierung genutzt werden.

Der Grundgedanke ist, mehrere greifbare Vorteile und Nutzenaspekte zu bündeln und mit flächendeckender, individueller Beratung zu propagieren. Als Beispiel für die gelungene Umsetzung einer solchen Strategie sei die Einführung von Umwelttickets im öffentlichen Personennahverkehr genannt. Die Umwelttickets, die für den Kunden gleich mehrere Nutzenaspekte bieten (reduzierter Preis, Übertragbarkeit etc.), haben nach jahrelangen vergeblichen Appellen an das Umweltbewußtsein erstmalig eine deutliche Trendwende zugunsten des öffentlichen Personennahverkehrs gebracht.

Das Fördermodell für die Reduzierung der Bioabfälle im Hausmüll in gartenreichen Siedlungsgebieten setzt sich aus 5 Komponenten zusammen:

1. Subventionierung von Kompostern

Die Untersuchungen der ITU im Landkreis München haben erwiesen, daß eine kostenlose Zurverfügungstellung von Kompostern den mit Abstand höchsten Motivierungseffekt sowohl für Neueinsteiger als auch für bereits kompostierende Haushalte mit unzureichender Ausrüstung hat. Eine Teilsubventionierung ist weit weniger effizient und bei Berücksichtigung der erreichbaren Müllminderung relativ gesehen sogar teurer.

In Abhängigkeit von der Grundstücksgröße werden verschiedene Kompostergrößen und -typen mit durchschnittlich 150 DM pro Komposter gefördert. Die Förderung muß vom Haushalt beantragt werden. Förderungsberechtigt sind Neueinsteiger in die Kompostierung und Haushalte, die bisher wegen mangelnder Ausrüstung nur einen Teil der kompostierbaren Materialien verarbeiten konnten. Die Haushalte verpflichten sich gegenüber der Kommune, alle in Frage kommenden Organikmaterialien zu kompostieren. Die weiteren Bedingungen werden unter Punkt 2 erläutert. Die Förderung erfolgt erst nach einer persönlichen Beratung durch die kommunalen Kompostberater.

Wenn die Komposter zentral von der Kommune beschafft werden, stellt dies einen recht massiven Eingriff in den freien Markt dar. Außerdem erfolgt damit eine Festlegung auf bestimmte Kompostertypen, die vielleicht nicht den unterschiedlichen Bedürfnissen der Haushalte gerecht werden. Die Alternative ist, daß sich die Haushalte die Komposter selbst im Handel beschaffen und sich die Kosten gegen Rechnung erstatten lassen. In diesem Fall müssen finanzielle Förderobergrenzen festgesetzt werden. Außerdem sollte die Materialwahl für die Komposter nach Umweltschutzkriterien eingegrenzt werden (vgl. *Kap. 9*).

2. Biotonne

Die Biotonne kann von Haushalten beantragt werden, die nicht kompostieren wollen oder können. Auf diese Weise wird die Biomüllverwertung in den Fördergebieten über den Anteil der Eigenkompostierung hinaus erhöht. Die Biotonne kann erst nach erfolgter persönlicher Beratung durch die Kompostberater in Anspruch genommen werden. Damit soll einerseits gewährleistet werden, daß die betreffenden Haushalte Kenntnis über alle Förderungsmöglichkeiten erhalten, andererseits soll durch die Beratung eine möglichst schad- und störstofffreie Qualität des gesammelten Biomülls sichergestellt werden.

Sowohl Eigenkompostierer als auch Biotonnenbenutzer werden

darauf hingewiesen, daß ihre Restmülltonnen stichprobenartig auf das Vorhandensein von kompostierbaren Materialien kontrolliert werden. Wenn Fehleinwürfe festgestellt wurden, bekommt der betreffende Haushalt einen Aufkleber auf die Tonne und kann sich erneut beraten lassen. Bei wiederholten Beanstandungen wird der Gebührenvorteil (s. u.) und ggf. die Biotonne entzogen.

3. Gebührenanreize

In den Fördergebieten wird ein dreigeteilter Müllgebührensatz eingeführt (vgl. *Kap. 4*). Haushalte, die sich verpflichten, ihren Biomüll vollständig selber zu kompostieren, zahlen den geringsten Gebührensatz. Biotonnenbenutzer zahlen einen mittleren Satz. »Müllmuffel«, die weder kompostieren noch sammeln, zahlen den höchsten Satz. Die Gebühren orientieren sich an dem genutzten Tonnenvolumen der Restmülltonne (lineare Staffelung) oder am Abfuhrrhythmus.

Wenn gleichzeitig ein Wertmarkensystem eingeführt wird, bieten sich den Haushalten zweifach Einsparmöglichkeiten. Sie können die erniedrigten Gebührensätze in Anspruch nehmen. Darüber hinaus können sie durch Eigenkompostierung und andere Vermeidungs- und Verwertungsaktivitäten ihre zur Abfuhr bereitgestellte Restmüllmenge reduzieren und damit in den Genuß einer Rückerstattung nicht genutzter Wertmarken kommen. Das gilt natürlich gleichermaßen für Benutzer von Biotonnen.

Um einer möglichen Verlagerung von Restmüll in die Biotonne vorzubeugen, ist zu überlegen, ob Wertmarken zu einem niedrigeren Satz auch für die Biotonne eingeführt werden. Damit ergibt sich ein zusätzlicher Anreiz auch zur Einsparung von Biomüll und zur Erhöhung der Kompostierung. Dies wäre z. B. für Haushalte von Vorteil, die ihre Bioabfälle teilweise kompostieren und zusätzlich eine Biotonne nutzen. Je geringer die abzufahrende Biomüllmenge ausfällt, desto höher ist der Kostenvorteil für Haushalt und Kommune.

Es besteht kein Rechtsanspruch auf den Gebührenvorteil. Bei Mißbrauch kann er jederzeit wieder entzogen werden. Die Kommune hat damit ein finanzielles Sanktionsinstrument in der Hand, das die unpopuläre Verhängung von Bußgeldern bei Verstößen gegen die Abfallsatzung weitgehend überflüssig macht.

Wenn nach einigen Jahren die Akzeptanz für die Verwertung des Biomülls gewachsen ist, besteht die Möglichkeit, ein Trennungsgebot für alle Bioabfälle zu verordnen. Für alle Nichtkompostierer und besonders für die hartnäckigen »Müllmuffel« besteht dann ein Anschlußzwang an die Biotonne. Die Gefahr dabei ist, daß sich die Qualität des eingesammelten Biomülls verringert.

4. Beratung und Motivation

Dreh- und Angelpunkt des ganzen Fördermodells ist die flächendeckende persönliche Beratung. Sie verfolgt gleichzeitig mehrere Ziele:

- Erkundung der Kompostiergewohnheiten und der Voraussetzungen in den Gärten (Platzverhältnisse, vorhandenes Gerät);
- Erläuterungen der Fördermöglichkeiten und Förderbedingungen (inkl. Wertmarkensystem);
- Übergabe von Infomaterialien und Förderanträgen;
- Beratung in Fragen zur Kompostierung bzw. zur Benutzung der Biotonne;
- Beratung zu sonstigen Fragen des Recyclings und der Abfallvermeidung.

Die Beratung wird etappenweise in allen in Frage kommenden Siedlungsgebieten durchgeführt. Da die Masse an Beratungskontakten von wenigen hauptamtlichen Kompostberatern nicht zu schaffen ist, werden 15–20 nebenberufliche Beratungskräfte für die Dauer der Beratungskampagne unter Vertrag genommen (z. B. Studenten). Die Kräfte arbeiten durchschnittlich 30 Stunden im Monat steuer- und sozialversicherungsfrei. Zwei qualifizierte hauptamtliche Kompostberater führen eingangs Schulungen für die Berater durch, koordinieren den Einsatz und betreuen die Berater in wöchentlichen Teambesprechungen.

Die Beratungskräfte sprechen systematisch jeden Haushalt in den Fördergebieten an. Ihr Einsatz wird in den Medien entsprechend angekündigt. Zusätzlich können z. B. straßenzugsweise vorbereitende Wurfsendungen verteilt werden. Haushalte, die nicht angetroffen wurden, erhalten einen Infobrief und können auf Wunsch einen neuen Beratungstermin ausmachen.

Der Einsatz von wenigen hauptberuflichen Beratern und vielen Vertragskräften ist kostengünstig und versetzt die Kommune in die Lage, in kurzer Zeit Tausende von Haushalten zu erreichen. Dieses Beratungsverfahren wird beispielsweise von der Stadt Erlangen zur Kompostberatung und zur Einführung von Bio- und Wertstofftonnen erfolgreich praktiziert.

Begleitend zu der Beratungskampagne wird eine intensive Öffentlichkeitsarbeit über die Medien betrieben.

5. Häckselservice

Ein großes Problem bei der Kompostierung ist die Verarbeitung von sperrigem Ast- und Zweigmaterial. Diese Materialien können nur in kleingehäckseltem Zustand in den Kompost eingebracht werden. Die überwiegende Mehrzahl der Gartenbesitzer verfügt jedoch nicht über einen Häcksler. Robuste und leistungsfähige Häcksler sind relativ teuer. Die Gartenbesitzer sind also gezwungen, diese Grünmaterialien anderweitig zu entsorgen. Wenn erreicht werden soll, daß alle Organikabfälle weitgehend in den Gärten kompostiert werden, müssen die Kommune oder beauftragte Privatunternehmen den Gartenbesitzern einen Häckselservice zur Verfügung stellen.

Dies kann mit einem mobilen Häckseldienst realisiert werden: Eine auf einem fahrbaren Untersatz montierte Häckselmaschine kommt auf Anforderung vor das Haus gefahren. Das Gerät wird von zwei Gartenarbeitern betrieben. Der anfordernde Haushalt muß zuvor seine gebündelten Grünabfälle erreichbar an die Straße schaffen. Sie werden sodann vor Ort gehäckselt. Das Häckselgut wird vom Haushalt zurückgenommen und als willkommener Zuschlagstoff in die Kompostierung eingebracht. Die Termine des Häckseldienstes werden wie bei der Sperrmüllabfuhr straßenzugsweise koordiniert.

Die gesonderte Abfuhr von Grünmaterialien, falls bislang vorhanden, entfällt mit Einführung des Häckseldienstes. Haushalte, die ihr Material nicht häckseln lassen wollen, haben die Möglichkeit, Grünabfälle z. B. in Recyclingzentren oder anderen kommunalen Sammelstellen abzugeben. Wenn für die Biotonne Gebühren erhoben werden, wie oben vorgeschlagen, müssen für die Anlieferung von Grünabfällen entsprechende Gebühren erhoben werden.

Weitere Möglichkeiten sind, zusätzlich Leihhäcksler für Selbstabholer bereitzustellen oder die private Anschaffung von Häckslern finanziell zu fördern.

Müllminderungspotential

Zur Abschätzung der erreichbaren Abfallverminderung und des Kostenvolumens wird im folgenden als Basis eine Modellstadt mit 100000 Haushalten zugrunde gelegt. Jeweils ein Drittel der Haushalte verfügt über einen eigenen Garten, lebt in Siedlungsgebieten mit lokkerer, grünflächenreicher Mehrfamilienhaus-Bebauung oder lebt in verdichteten, grünflächenarmen Siedlungszentren. Die Haushalte bestehen durchschnittlich aus 3 Personen und produzieren rund 1 t Restmüll pro Haushalt und Jahr (330 kg/Person/a). Als Restmüll werden alle über die normale Mülltonne entsorgten Abfälle bezeichnet. In allen 3 Siedlungsgebieten beträgt der Anteil kompostierbarer Organik im Restmüll 33%.

Diese Ausgangsdaten sind eine starke Vereinfachung gegenüber

Tabelle 6: Modellbedingungen

Rahmendaten Modellstadt:	100 000 Haushalte
Gartenreiche Siedlungsgebiete	33 000 Haushalte
Grünflächenreiche Siedlungsgebiete	33 000 Haushalte
Verdichtete Siedlungsgebiete	33 000 Haushalte
3	Einwohner/Haushalt
330	kg Hausmüll/Einwohner/Jahr
≈ 1	t Hausmüll/Haushalt/Jahr
= 100 000	t Restmüll/Jahr
33	% Organikanteil im Restmüll
= 33 000	t Biomüll/Jahr
= 11 000	t Biomüll/Siedlungsgebiet

der Realität. Tatsächlich bestehen deutliche Unterschiede im Biomüllanteil und in der Restmüllmenge pro Haushalt zwischen verschiedenen Siedlungsstrukturen. Die Berücksichtigung dieser Unterschiede würde aber die Modellbildung so kompliziert machen, daß die Anschaulichkeit auf der Strecke bliebe. Deswegen werden die Müllmengen und Organikanteile in der Modellstadt vereinheitlicht. Restmüllminderungen durch Papier- und Glasrecycling werden nicht berücksichtigt, da sie hier nicht von Belang sind.

Die Modellrechnungen haben nicht das Ziel, die Realität zu simulieren, sondern sollen Größenordnungen abschätzbar zu machen. Die benötigten Ausgangsdaten stammen aus realen Projekten und werden für die Modellbedingungen modifiziert.

Um die Wirksamkeit verschiedener Maßnahmen zur Biomüllverwertung vergleichen zu können, werden drei Modellvarianten kalkuliert:

1. Förderung der Eigenkompostierung

Im Landkreis München wurde ohne flächendeckende persönliche Beratung und ohne zusätzliche Gebührenanreize eine Restmüllminderung von 12% durch Intensivierung der Eigenkompostierung erreicht. Bei zusätzlicher persönlicher Beratung und Staffelung der Müllgebühren sollte die Steigerung der Kompostierung deutlicher ausfallen. Für die Modellrechnung wird die Restmüllminderung im Fördergebiet auf 15% angesetzt.

Die 33000 Haushalte im gartenreichen Modellgebiet erzielen nach Abschluß der dreijährigen Beratungskampagne eine Minderung des Restmülls von rund 5000 t/Jahr (15%).

2. Biotonne ohne Förderung der Eigenkompostierung

Diese Variante wird zur Zeit allgemein von den Kommunen favorisiert, weil man sich von der Biotonne eine höhere Abschöpfung des Biomülls verspricht. Bei freiwilliger Einführung der Biotonne wird diese in der Modellstadt von durchschnittlich 50% der Haushalte angenommen. In gartenreichen Gebieten ist die Anschlußquote jedoch wesentlich höher, da die Biotonne für Gartenbesitzer als bequeme Möglichkeit zur Entsorgung ihrer Grünabfälle sehr attraktiv ist. Anschlußquoten von über 80% sind unter diesen Randbedingungen realistisch; das zeigen vergleichbare Biotonnenprojekte. Für die Modellrechnung wird eine Anschlußquote von 80% angesetzt.

Bei Übertragung der Ergebnisse von diversen Biotonnenprojekten auf die Modellbedingungen erzielen die an eine Biotonne angeschlossenen Haushalte eine Minderung des Restmülls von ca. 33%. Das würde bedeuten, daß die teilnehmenden Haushalte ihre Bioabfälle vollständig vom Restmüll trennen.

In der Praxis findet man aber noch einige Prozent Biomüll in der Restmülltonne. Dies wird jedoch durch Papier- und Pappanteile in der Biotonne in etwa ausgeglichen. Eine gewisse Beimengung von (verschmutztem) Papier zum Biomüll ist erwünscht.

Bei 80% Anschluß an die Biotonne und 33% Restmüllminderung pro teilnehmendem Haushalt ergibt sich eine Minderung des Restmülls von rund 26% bezogen auf das Modellgebiet; das entspricht einer Menge von rund 8700 t/Jahr.

Gleichzeitig findet eine Verlagerung von bisher kompostierten Gartenabfällen in die Biotonne statt. Das abzufahrende Gesamtmüllaufkommen (Restmüll + Biomüll) erhöht sich also. Nach den vorliegenden Erfahrungen kann diese Erhöhung des Gesamtmülls zwischen 0 und 20% liegen. Für die Modellrechnung wird von einer mittleren Erhöhung von 10% ausgegangen. Das entspricht einer zusätzlichen Biomüllerfassung von 3300 t/Jahr. Insgesamt beträgt die eingesammelte Biomüllmenge im gartenreichen Modellgebiet rund 12000 t/Jahr.

Bezogen auf den einzelnen Biotonnenbenutzer entsprechen 10% Steigerung des Gesamtmülls bei 80% Anschlußquote einer individuellen Erhöhung der Müllmenge von 12,5%.

3. Kombiniertes Modell Eigenkompostierung/Biotonne

Neben der Förderung der Eigenkompostierung wird gleichzeitig die Biotonne eingeführt, um die Verwertungsquote zu erhöhen. Für dieses kombinierte Modell in Verbindung mit flächendeckender persönlicher Beratung und Gebührenanreizen liegen bisher keine Praxiserfahrungen vor. Daher ist es schwierig abzuschätzen, wie hoch der Anteil der Haushalte ist, die unter diesen Rahmenbedingungen eine Biotonne in Anspruch nehmen.

Angenommen, nach Abschluß der Förderkampagne kompostieren 50% der Haushalte den überwiegenden Teil ihrer Bioabfälle selber und nehmen deswegen keine Biotonne in Anspruch. 15% der Haushalte sind hartnäckige Müllmuffel und sind weder für die Kompostierung noch für die Biotonne zu gewinnen. Dann bleiben 35% Biotonnenbenutzer übrig. Die Biotonnenbenutzer vermindern ihren Restmüll um 33% und werfen 12,5% zusätzliche Gartenabfälle in ihre Biotonnen. Für das Modellgebiet ergibt sich daraus eine weitere Minderung des Restmülls von rund 12% bzw. 3800 t/Jahr sowie eine Erhöhung des Gesamtmülls von rund 4% bzw. 1400 t/Jahr.

Abb. 10: Biotonne in gartenreichen Siedlungsgebieten – Flußdiagramm

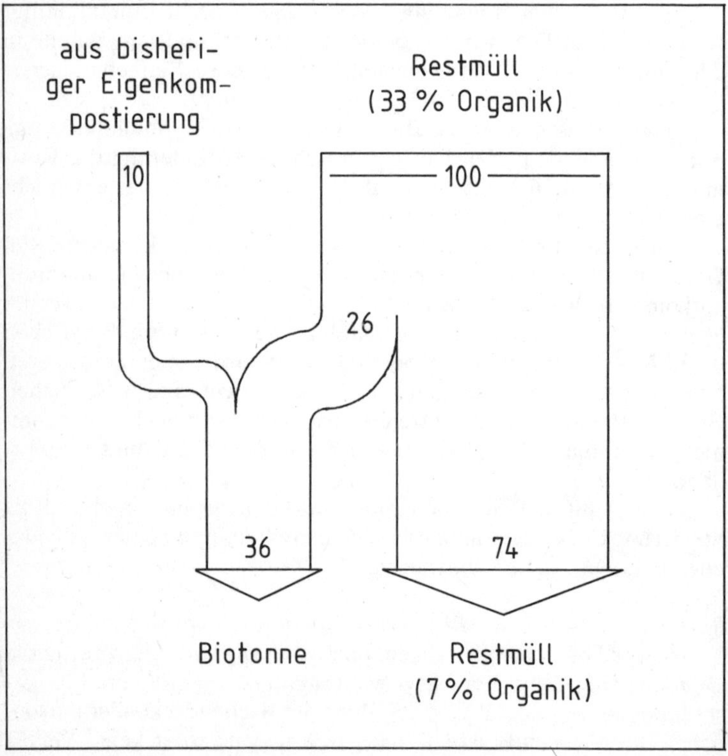

Die gesamte Restmüllminderung durch verstärkte Eigenkompostierung und Biotonne liegt nach Abschluß der Beratungskampagne bei rund 27% bzw. 8800 t/Jahr.

Vergleich der drei Modellvarianten
Durch alleinige flächendeckende Einführung der Biotonne kann im Modellgebiet nicht mehr Biomüll verwertet werden als durch ein kombiniertes Fördermodell (Eigenkompostierung + Biotonne). Die zusätzliche Erfassung von Gartenabfällen aus vorheriger Eigenkompostierung fällt bei der Biotonnenvariante wesentlich höher aus.

Die restlichen 6 bis 7% Organik verbleiben vorerst im Restmüll. Um sie zu erfassen, müßten schärfere ordnungsrechtliche Maßnah-

Abb. 11: Kombiniertes Modell Eigenkompostierung/Biotonne – Flußdiagramm

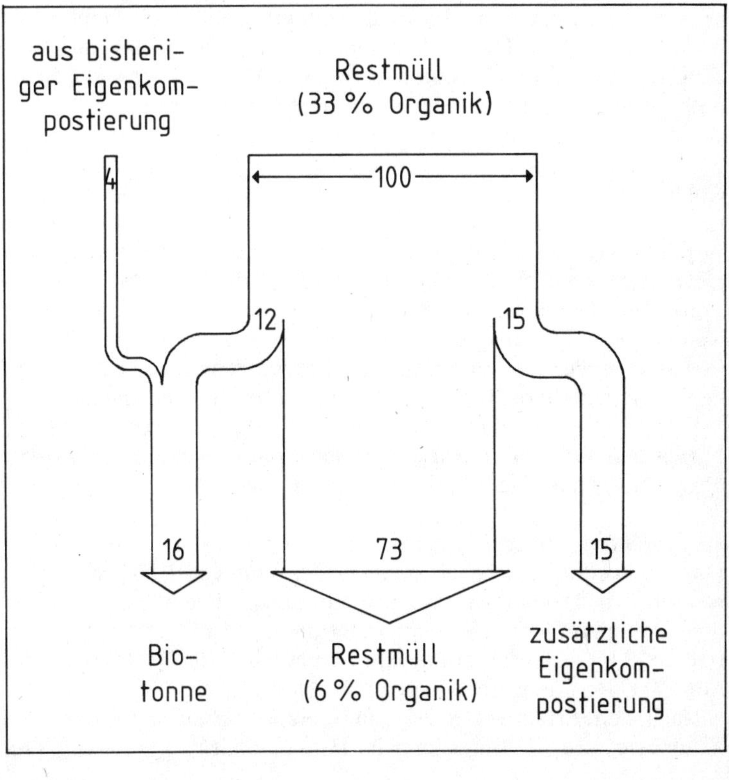

Tabelle 7: Restmüllminderung im Vergleich

Rahmendaten:	33 000 Haushalte im gartenreichen Modellgebiet 33 % Biomüll im Restmüll		
Modellvariante	Gesamtmüll-erhöhung[1] (t/a)	Restmüll-minderung (t/a)	Restmüll-minderung (%)
Förderung Eigenkompostierung	–	5 000	15
Kombiniertes Fördermodell: Eigenkomp. + Biotonne	1 400	8 800	27
Nur Biotonne	3 300	8 700	26

[1] durch zusätzlich erfaßte Gartenabfälle

men ergriffen werden (Biomüll-Trennungsgebot, Biotonnen-Anschlußzwang usw.). Diese Maßnahmen sollten jedoch erst in Erwägung gezogen werden, wenn alle anderen Möglichkeiten der Beratung, Motivation und Anreizsysteme ausgeschöpft sind.

Kosten

In politischen Gremien kommt bei der Diskussion von innovativen Umweltschutzmaßnahmen meist sehr schnell die Frage nach den Kosten. Wenn dann keine konkreten Angaben gemacht werden können, werden die vorgeschlagenen Maßnahmen oft als utopisch und unseriös abgebügelt. Die nachfolgenden Modellrechnungen sollen dazu beitragen, daß diese Hürde leichter genommen werden kann.

Die drei Modellvarianten werden – wie oben – getrennt kalkuliert. Abgesehen von der reinen Biotonnenvariante werden die Kosten über eine zehnjährige Projektlaufzeit gemittelt.

1. Förderung der Eigenkompostierung
Die 33000 Haushalte sollen in einem Zeitraum von 3 Jahren beraten werden. Um 11000 Haushalte pro Jahr ansprechen zu können, werden 2 hauptamtliche Kompostberater und rund 15 Hilfskräfte benötigt. Bei 3 bis 4 Hausberatungen pro Stunde sind für 11000 Haushalte rund 3000 Beratungsstunden pro Jahr erforderlich.

Nach den Erfahrungen im Landkreis München werden etwa 7 Komposter pro 100 Einwohner im Fördergebiet neu beschafft. Das

Tabelle 8: Kosten Fördermodell Eigenkompostierung

Kosten / Jahr während der 3 Einführungsjahre:	
2 Kompostberater	120 000 DM
Sachmittel für Infomaterialien und Öffentlichkeitsarbeit	80 000 DM
Beratungskräfte (3000 Std. à 15 DM)	50 000 DM
Komposter (2 300 Stück à 150 DM)	350 000 DM
Häckseldienst	100 000 DM
Summe	700 000 DM
Kosten / Jahr in den Folgejahren:	
2 Kompostberater	120 000 DM
Sachmittel für Beratung und Öffentlichkeitsarbeit	30 000 DM
Häckseldienst	100 000 DM
Summe	250 000 DM

Tabelle 9: Eigenkompostierung – Müllminderung und Kosten

Gesamtkosten über 10 Jahre Laufzeit:	
Einführungsphase:	3mal 700 000 DM
Dauerbetreuungsphase:	7mal 250 000 DM
Summe	3 850 000 DM
Restmüllminderung (15 %) über 10 Jahre Laufzeit:	
Jahr 1 (11 000 Haushalte)	1 650 t
Jahr 2 (22 000 Haushalte)	3 300 t
Jahr 3 (33 000 Haushalte)	4 950 t
Jahr 4–10	34 650 t
Summe	44 550 t
Kosten Restmüllminderung	86 DM/t

sind rund 2300 Komposter pro Einführungsjahr, die durch die Kommune finanziert werden müssen. Die Förderung der Komposter hat einmaligen Charakter; die Ersatzbeschaffung für defekte Komposter soll zukünftig von den Haushalten selbst getragen werden. Aufgrund der weiterhin bestehenden Gebührenvorteile und der fortlaufenden Öffentlichkeitsarbeit dürfte die Motivation zur Fortführung der Kompostierung aber gesichert sein.

Tabelle 10: Biotonne – Müllminderung und Kosten

Rahmendaten:	33 000 Haushalte im Modellgebiet 33 000 t Restmüll 80 % Anschlußquote Biotonne 10 % Gesamtmüllerhöhung[1] 26 % Restmüllminderung[1] 170 DM/t Systemkosten Biotonne
Restmüllminderung	8 700 t/a
Biomüll aus vorheriger Eigenkompostierung	3 300 t/a
Eingesammelte Biomüllmenge	12 000 t/a
Gesamtkosten	2 040 000 DM/a
Kosten Restmüllminderung	235 DM/t

[1] bezogen auf das Modellgebiet

Die Förderung der Eigenkompostierung kostet in den 3 Einführungsjahren rund 700 000 DM/Jahr, wobei der Löwenanteil auf die Finanzierung der Komposter entfällt. Nach der Einführungsphase fallen fortlaufende Betreuungskosten von rund 250 000 DM/Jahr an.

Über 10 Jahre Laufzeit ergeben sich durchschnittliche Kosten von rund 90 DM pro Tonne Müllminderung durch Förderung der Eigenkompostierung.

2. Biotonne ohne Förderung der Eigenkompostierung
Bei den Systemkosten für die Biotonne müssen neben rund 70 DM/Tonne für die Behandlung in der Kompostanlage (Komposterlöse eingerechnet) die Kosten für Abfuhr, Verwaltung, Abfallberatung und Tonnenbeschaffung kalkuliert werden. Im folgenden werden Systemkosten von 170 DM pro Tonne eingesammeltem Biomüll über eine Laufzeit von 10 Jahren angesetzt. In dieser Variante wird die Biotonne im Modellgebiet innerhalb eines Jahres flächendeckend eingeführt. Eine persönliche Beratung der Haushalte erfolgt nicht.

3. Kombiniertes Modell Eigenkompostierung/Biotonne
Zu den unter 1) kalkulierten Kosten für die Förderung der Eigenkompostierung kommen noch die Kosten der Biotonne. Die Einführung der Biotonne verläuft synchron mit der Beratungskampagne und erstreckt sich daher über 3 Jahre.

Über 10 Jahre Laufzeit gemittelt ergeben sich Kosten von rund 233 DM pro Tonne Restmüllminderung für die Biotonnensammlung.

Tabelle 11: Kombiniertes Modell – Biotonnenanteil

Rahmendaten:

33 000	Haushalte
33 000	t Restmüll
35	% Anschlußquote Biotonne
4	% Gesamtmüllerhöhung
12	% Restmüllminderung
170	DM/t Systemkosten Biotonne

Restmüllminderung über 10 Jahre:

	Restmüll-minderung (t)	Gesamtmüll-erhöhung (t)	Summe (t)
Jahr 1	1 280	470	1 750
Jahr 2	2 530	930	3 460
Jahr 3	3 800	1 400	5 200
Jahr 4–10	26 600	9 800	36 810
Summe	34 210	12 600	46 810
Gesamtkosten über 10 Jahre:			7 960 000 DM
Kosten Restmüllminderung			233 DM/t

Tabelle 12: Kombiniertes Modell – Müllminderung und Kosten

Kombiniertes Modell über 10 Jahre:	Restmüllminderung	Kosten
Förderung Eigenkompostierung	44 550 t	3 850 000 DM
Biotonne	34 210 t	7 960 000 DM
Summe	78 760 t	11 810 000 DM
Kosten Restmüllminderung		150 DM/t

Tabelle 13: Müllminderung und Kosten im Vergleich über 10 Jahre (gerundet)

Modellvariante	mittlere Restmüllminderung (t/a)	mittlere Kosten (DM/t)
Förderung Eigenkompostierung	4 500	90
Kombiniertes Fördermodell Eigenkompostierung + Biotonne	7 900	150
Nur Biotonne	8 700	235

In der Mischkalkulation ergeben sich für das kombinierte Modell Kosten von rund 150 DM pro Tonne Restmüllminderung.

Vergleich der drei Modellvarianten
Die Werte für die Restmüllminderung fallen bei den ersten beiden Varianten, bedingt durch die dreijährige Aufbauphase, etwas geringer aus als die Vergleichswerte im vorigen Kapitel.

Der Vergleich zeigt, daß bei der reinen Biotonnenvariante nicht nur wesentlich mehr Gartenabfälle zusätzlich eingesammelt werden, sondern auch die auf die Müllminderung bezogenen Kosten bedeutend höher sind als bei den anderen Varianten. Gründe hierfür sind die hohen Biotonnen-Systemkosten sowie die zusätzliche Erfassung von Gartenabfällen aus vorheriger Eigenkompostierung. Das kombinierte Modell aus Förderung der Eigenkompostierung und Biotonne kostet fast 40% weniger als die alleinige Einführung der Biotonne, bei vergleichbarer Restmüllminderung.

In gartenreichen Siedlungsgebieten erscheint eine intensive Förderung der Eigenkompostierung schon aus Kostengründen unverzichtbar.

12. Gemeinschaftskompostierung

Ausgangssituation und Ziele

Wenn Haushalte ohne eigenen Garten sich in Wohnblocks und Mietshäusern befinden, die von Grünflächen umgeben sind, liegt der Gedanke nahe, ihnen die gemeinschaftliche Kompostierung auf diesen Grünflächen zu ermöglichen. In Großstädten kommen für die Gemeinschaftskompostierung sicherlich 20–30% aller Haushalte in Betracht. In kleineren Gemeinden mit überwiegender Ein- und Zweifamilienhausbebauung ist das Potential geringer.

Im Gegensatz zu Haushalten mit eigenem Garten sind die Mietshausbewohner – insbesondere Hochhausbewohner – viel weiter von der Kompostierung, aber auch von sonstigem umweltschonenden Verhalten, entfernt. Das verwundert nicht, wenn man sich die äußeren Lebensbedingungen dieser Haushalte anschaut. Die Grünflächen sind meist mit sterilem Einheitsrasen und pflegeleichten Sträuchern bestückt. Jegliche Nutzung durch die Mieter ist unerwünscht; Betreten verboten! Die Bewohner haben keinerlei Bezug zu den Grünflächen. Direkte Einfluß- und Gestaltungsmöglichkeiten haben sie nur auf ihre eigene Wohnung und auf den Balkon, falls vorhanden. Die Folge sind Teilnahmslosigkeit, Desinteresse und fehlendes Verantwortungsgefühl für das gesamte Wohnumfeld. Das äußert sich unter anderem in Form von Vandalismus, vor allem in Großwohnanlagen. Je weniger gemeinsame Verantwortungs- und Gestaltungsbereiche zwischen den Mietparteien bestehen, desto weniger soziale Kontaktmöglichkeiten gibt es (Anonymität).

Auch bei der Müllentsorgung wird den Bewohnern die Verantwortung abgenommen. Während Eigenheimbesitzer wenigstens noch ihre Tonne an die Straße stellen, Gebühren abrechnen und sich mit der Entsorgung der Grünabfälle aus dem Garten beschäftigen, wird dies den Mietern weitestgehend abgenommen. Alles läuft automatisch und fremdgesteuert; im Extremfall braucht der Müll nur noch in den zentralen Müllschluckerschacht geworfen zu werden.

Wenn der Müll, wie üblicherweise praktiziert, in Großbehälter geworfen wird, ist für den Einzelhaushalt keine Beobachtung der selbstproduzierten Müllmenge möglich. Folglich kann auch der Zusammenhang zwischen wachsenden Müllbergen und der Zunahme der Verpackungsflut in der eigenen Tonne nicht wahrgenommen werden. Ein direkter Bezug zum Müllproblem ist so nur schwer herzustellen. Die kommunalen Abfallberater haben unter diesen Bedingungen einen schweren Stand. Wenn neue Sammelsysteme, wie zum Beispiel die Biotonne, an Großwohnanlagen aufgestellt werden, ist häufig aufgrund schlechter Sammeldisziplin das Ergebnis sehr unbefriedigend.

Die Gemeinschaftskompostierung ist eine Möglichkeit für die teilnehmenden Haushalte, Verantwortlichkeit für ihren Müll, den Bezug zum Wohnumfeld sowie Kontakte zu ihren Nachbarn ein Stück weit zurückzugewinnen. Aus Sicht der Kommune besteht die Chance, diese Bürger auch für weitergehende Ziele der Abfallvermeidung, Abfallverwertung und des sonstigen Umweltschutzes zu gewinnen. Diese umweltpädagogischen und sozialen Ziele der Gemeinschaftskompostierung sind vielleicht sogar wichtiger als die abfallwirtschaftlichen Ziele.

Einführung und Betreuung

Ähnlich wie bei der Förderung der Gartenkompostierung lassen sich Förderaktionen zur Einführung der Gemeinschaftskompostierung in zwei Phasen einteilen. In einer betreuungsintensiven Einführungsphase, die sich maximal über 1 Jahr erstreckt, wird die Kompostgruppe gegründet und an die Kompostierung herangeführt. In der nachfolgenden, zeitlich nicht begrenzten Dauerbetreuungsphase geht es darum, die Kompostgruppe dauerhaft zu stabilisieren.

Im Gegensatz zur Förderung der Gartenkompostierung, wo sich die Verwertungsquote proportional zum Förderaufwand erhöhen läßt, muß bei der Einführung der Gemeinschaftskompostierung eine hohe »Startschwelle« überwunden werden; die Kompostgruppen müssen erst einmal gegründet werden. Hierfür ist ein gezielter Einsatz persönlicher Beratung sowie materielle und finanzielle Förderung erforderlich.

Ablaufraster der Einführungsphase
Je nachdem, ob die Kompostgruppen von kommunalen Kompostberatern oder durch Initiativgruppen ohne kommunale Förderung gegründet werden, läßt sich das Ablaufraster in 2 Varianten differenzieren:

Variante 1: Gründung durch Initiativgruppe ohne kommunale Förderung

Schritt 1: Gründung einer Initiativgruppe mit ca. 4 bis 7 aktiven Mitstreitern

Schritt 2: Vorbereitungsphase:
- Kompost-Hintergrundinfos und Anschauungsmaterial sammeln;
- eventuell eine bestehende Kompostgruppe besuchen und sich kundig machen;
- Ablaufraster der Aktion planen

Schritt 3: Gespräche mit Hausmeister, Vermieter, Hausverwaltung, Grundstückseigentümer führen:
- Vorhaben erläutern;
- Anschauungsmaterial präsentieren;
- Bedenken ausräumen

Schritt 4: Infoschreiben an Hausbewohner:
- Vorhaben erläutern;
- persönliche Frageaktion ankündigen

Schritt 5: Frageaktion durchführen:
- Einwände offen diskutieren;
- Hinweis auf Freiwilligkeit;
- Hinweis auf Unterstützung durch Hausmeister, Eigentümer bzw. Verwaltung;
- Projekt anschaulich beschreiben;
- geplante Lage des Kompostplatzes diskutieren

Schritt 6: Wenn das Projekt überwiegend auf Zustimmung stößt, Material oder finanzielle Unterstützung erbitten, z. B. von:
- Stadtreinigungsamt/Bauhof/Umweltamt/Grünflächenamt (Stadt, Kreis, Gemeinde);
- Vereinen, Verbänden (z. B. Umweltverbänden), Parteien;
- Kirchengemeinden;
- Unternehmen

Schritt 7: Kompostanlage einrichten:
- Kompoststandort in Abstimmung mit Hausmeister, ggf. Eigentümer/Verwaltung sowie Bewohnern festlegen;
- über das Sammel- und Kompostverfahren einigen

Schritt 8: Biomüllsammlung starten:
- wenn Finanzmittel vorhanden sind, sollten spezielle Sammeleimer beschafft und an die teilnahmewilligen Haushalte verteilt werden;
- gleichzeitig werden Infoblätter mit Sammelanleitung ausgeteilt;
- die Materialverteilung kann als Möglichkeit für einen zweiten persönlichen Kontakt zu den Bewohnern genutzt werden (Verstärkung der Teilnahmebereitschaft)

Schritt 9: Nach ca. 1 Monat wird, wenn das Projekt gut angelaufen ist, die lokale Presse zu einem Ortstermin eingeladen:
- Demonstration des Projektes als Vorbild;
- Presseartikel ausschneiden und in das nächste Kompostinfo kopieren;
- Motivationsverstärkung für die Teilnehmer

Schritt 10: Die Bewohner werden regelmäßig mit Rundschreiben (Kompostinfo) über den Fortgang des Projektes informiert:
- wichtig: Rückmeldung über Erfolg;
- auch auftauchende Probleme ansprechen;
- wenn größere Arbeiten am Kompost fällig werden, Teilnehmer zum Mitmachen einladen (Gelegenheit zum Erfahrungsaustausch/Rückkopplung)

Variante 2: Gründung der Kompostgruppe durch kommunale Kompostberater

Selbstverständlich werden sich hauptamtliche Kompostberater ein eigenes Konzept stricken, das den lokalen Verhältnissen und Bedingungen angepaßt ist. Das hier beschriebene Ablaufraster soll modellhaft die Vorgehensweise veranschaulichen:

Schritt 1: Bündiges Förderangebot für die angepeilten Zielgruppen zusammenstellen:
- Sachmittelfinanzierung sicherstellen;
- eventuell nötige Änderungen der Abfallsatzung oder Müllgebührenstruktur veranlassen

Schritt 2: Marketingstrategie für das Förderpaket entwickeln:
- vorteilhaft ist die Zusammenarbeit mit einer professionellen Marketingagentur

Schritt 3: Infomaterialien ausarbeiten (Broschüren, Fibeln, Faltblätter etc.) oder von Agentur erstellen lassen:
- um Fehlschüsse zu vermeiden, wird angeraten, die Infomaterialien sowie das ganze Beratungskonzept von einem (Werbe-)Psychologen prüfen zu lassen

Schritt 4: PR-Kampagne anlaufen lassen (Presse und andere Medien):
- vorteilhaft für die Presseberichterstattung ist es, wenn zum Start der Kampagne bereits ein laufendes Vorzeigeprojekt, z. B. in der Verwaltung, vorhanden ist

Schritt 5: In den angepeilten Zielgebieten mit geeigneter Siedlungsstruktur werden Hausverwaltungen, Vermieter, Wohnungsgesellschaften etc. angeschrieben:
- Werbung für die Förderkampagne;
- Angebot für ein vorbereitendes Beratungsgespräch

Schritt 6: In Gesprächen Vermieter, Hausmeister etc. für das Projekt gewinnen:
- Anschauungsmaterial präsentieren;
- Vorbehalte offen diskutieren;
- mögliche Standorte für Kompostplätze gemeinsam begutachten

Schritt 7: Wenn die Zustimmung von Vermietern, Eigentümern und Hausmeistern eingeholt wurde, werden die Haushalte in den ausgewählten Häusern direkt angeschrieben (Rundbrief einwerfen):
- Ziel der ersten Kontaktaufnahme ist es, Distanz abzubauen und den Bewohnern ein Beratungsgespräch anzubieten

Schritt 8: Zum angekündigten Termin besuchen die Berater jeden Haushalt und:
- informieren über Ziele, Vorteile, Ablauf des Projektes;
- befragen zu Akzeptanz/Teilnahmebereitschaft;
- diskutieren Standortvorschläge für die Kompostanlagen

Schritt 9: Auswählen des Sammel- und Kompostierverfahrens und Einrichten der Kompostanlagen;

Schritt 10: Start der Biomüllsammlung:
- Rundbrief an Bewohner;
- Einladung zur gemeinsamen Inbetriebnahme des Kompostplatzes (zusätzliche Möglichkeit der persönlichen Kontaktaufnahme);
- Austeilen der Sammeleimer;
- Übergabe der Sammelanleitungen

Schritt 11: Nach dem Start werden die Bewohner im weiteren Verlauf regelmäßig in Rundschreiben (Kompostinfo) über den Fortgang des Projektes informiert:
- Rückmeldung über Erfolg;
- Diskussion von Problemen;
- Aufforderung zur Teilnahme an fälligen Arbeiten auf der Kompostanlage;
- das Kompostinfo ist ein ideales Medium, um »häppchenweise« auch andere Umweltinformationen zu vermitteln

Kompostbetreuung in der Einführungsphase
Wenn die Einführungsbetreuung der Kompostgruppe von Kompostberatern oder von einer externen Initiativgruppe geleistet wird, haben die Teilnehmer vorerst nur die Aufgabe, ihre Bioabfälle zu sammeln und diese je nach Verfahren in den Sammelbehälter oder in die Vorrottekammer zu kippen. Alle weiteren Betreuungsarbeiten (Aufsetzen, Kontrollieren, Umsetzen) werden von den Initiatoren geleistet.

Die Termine von umfangreichen Arbeiten (Umsetzen etc.) werden den Teilnehmern mitgeteilt, und um freiwillige Mithilfe wird gebeten. Die Teilnehmer sollen soweit möglich frühzeitig in die Pflegearbeiten rund um den Kompost eingebunden werden. Je stärker die Teilnehmer integriert werden können, desto größer ist die Eigeninitiative bei der langfristigen Fortführung des Projekts.

Wenn sich die Kompostgruppe aus eigener Initiative gegründet hat und hauptsächlich aus »Aktiven« besteht, ist eine Betreuung nach dem Zürcher Modell möglich: Dort übernimmt jeder Teilnehmer jeweils zwei Wochen die Betreuung der Kompostanlage. Er/Sie kontrolliert den Kompost und setzt je nach Verfahren das Frischmaterial auf und sorgt für die richtige Mischung mit Strukturmaterial. Durch diesen Turnus ist jede Partei nur wenige Male im Jahr auf dem Kompostplatz im Einsatz. Fällig werdende Umsetzaktionen werden auf Absprache von mehreren Teilnehmern gemeinsam ausgeführt.

Diese organisatorische Regelung kann auch langfristig weitergeführt werden. Eine Umstellung von Einführungs- auf Dauerbetreuung entfällt bei dieser Modellvariante.

Dauerbetreuung

Grundsätzlich ist es das Ziel, daß möglichst große Anteile der Betreuungsarbeiten am Kompost von den teilnehmenden Haushalten in Eigenleistung übernommen werden. Die Frage ist aber, ob es immer gelingt, die Teilnehmer der Kompostgruppen so weit in die Betreuungsarbeit zu integrieren und zu motivieren, daß einige Teilnehmer sich nach Abschluß der Einführungsphase bereit erklären, die Verantwortung für den Kompost zu übernehmen. Besonders wenn die Gemeinschaftskompostierung flächendeckend eingeführt wird, werden sich nicht überall freiwillige Betreuer finden. Ein Modell mit umlaufender Betreuung, wie unter b) beschrieben, ist wohl für extern initiierte Kompostgruppen illusorisch.

Die Erfahrungen zeigen, daß einige Teilnehmer durchaus bereit sind, bei gelegentlichen größeren Arbeiten (z. B. Umsetzen) mit anzupacken. Wenn jedoch regelmäßiger Arbeitseinsatz und Verantwortungsübernahme gefordert sind, stößt das Umweltbewußtsein an seine Grenzen. Das Problem ist, daß der ehrenamtlichen Leistung kein direkter individueller Nutzen gegenübersteht. Deswegen gehen die Überlegungen dahin, die Betreuungsleistung direkt oder indirekt finanziell zu entschädigen. Hier sind verschiedene Ansätze denkbar:

- In Großwohnanlagen könnten beispielsweise angestellte Hausmeister die Betreuung in ihren Aufgabenbereich übernehmen.
- Sich freiwillig für die Betreuung bereit findende Bewohner erhalten von der Hausverwaltung eine finanzielle Entschädigung als Anreiz.
- Wenn sich die Kompostgruppe aus Bewohnern mehrerer Mietshäuser mit unterschiedlichen Vermietern/Verwaltern zusammen-

setzt, ist ein finanzieller Anreiz für die Betreuer von seiten der Kommune denkbar. Das ist auf jeden Fall erheblich preiswerter, als die Arbeiten von hauptamtlichen Kräften (Kompostberatern) abwickeln zu lassen. Denkbar wäre auch ein Müllgebührennachlaß für die Betreuer.

Beschaffung von Strukturmaterial und technischer Service
Strukturmaterial sollte auf Abruf von seiten der Kommune bzw. von beauftragten privaten Firmen geliefert werden. Auch technische Unterstützung bei Problemen rund um den Kompostplatz (defekte Komposter usw.) sollte gewährt werden. Dieser Service von seiten der fördernden Kommune ist notwendig, um die Kontinuität der Kompostgruppen sicherzustellen.

Wenn keine öffentliche Kompostförderung vorhanden ist, muß sich die Initiativgruppe selbst um die Versorgung mit den notwendigen Materialien kümmern. Als mögliche Sponsoren können städtische Institutionen (Bauhof, Grünflächenamt etc.) sowie Gartenbaufirmen oder Entsorgungsfirmen angesprochen werden.

Beratung bei Problemen
Von seiten der fördernden Kommune übernehmen die Kompostberater den Beratungsservice. Sie sollten zu festgelegten Zeiten zum Beispiel über ein Komposttelefon ansprechbar sein. Bei telefonisch nicht lösbaren Problemen besuchen die Berater die Gruppe und leisten vor Ort Hilfestellung.

Wenn kommunale Kompostberater nicht vorhanden sind, kommen als Ansprechpartner bei Kompostproblemen folgende Stellen in Frage:
- Abfallberatung (Stadt/Kreis);
- Grünes Telefon (Umweltamt);
- Grünflächenamt/Bauhof;
- Ortsgruppen der Umweltverbände (BUND, DBV, ...);
- in der Kompostierung erfahrene Gartenbesitzer.

Begleitende Maßnahmen
Zur Unterstützung kommunaler Kompostprojekte kommen zahlreiche öffentlichkeitswirksame Maßnahmen in Frage:
- regelmäßige Berichterstattung in den lokalen Medien (Zeitungen, Lokalfunk etc.);
- Verbreitung von Infos über Medien von Multiplikatoren (z. B. Periodika von Kirchengruppen, Parteien, Vereinen und Verbänden, Schülerzeitungen usw.);

- Vorträge, Seminare, Gruppenberatungen bei Multiplikatoren;
- Präsentationen und Aktionen auf Umweltmärkten oder anderen Veranstaltungen;
- Beratungen/Aktionen in Schulen, Kindergärten und sonstigen Erziehungseinrichtungen und bei Bildungsträgern.

Verfahren und Systeme

Kompostplatz

Bei der Auswahl eines geeigneten Platzes für die Kompostanlage sind die in Teil 2 beschriebenen Kriterien zu beachten (vgl. *Kap. 8*). Wenn der Biomüll von den teilnehmenden Haushalten direkt in den Komposter gefüllt wird, ist es besonders wichtig, daß der Kompostplatz schnell und trockenen Fußes erreicht werden kann. Gegebenenfalls ist der Zuweg mit Platten auszulegen oder auf andere Weise zu befestigen.

Um den Kompostplatz optisch ansprechend zu gestalten, wird empfohlen, ihn mit Hecken oder Büschen zu umpflanzen. Neben der Funktionalität spielen auch ästhetische Aspekte eine Rolle für die Identifikation der Teilnehmer mit »ihrem« Kompost.

Sammel- und Kompostierverfahren

Variante 1: Das einfachste Verfahren ist die direkte Befüllung einer Kompostkiste durch die teilnehmenden Haushalte. Die Bewohner kippen ihre Sammeleimer in die Vorrottekammer und streuen eine Handvoll Strukturmaterial nach. Das Strukturmaterial ist in einem Vorratsbehälter neben der Rottekammer verfügbar.

Wenn die Vorrottekammer voll ist, wird das gesamte Material gut gemischt in eine Hauptrottekammer umgefüllt (oder gleich auf Miete gesetzt). Die Kompostkiste sollte so bemessen sein, daß die Füllungszeit etwa 2 bis 4 Monate beträgt. Nötigenfalls müssen mehrere Systeme aufgestellt werden. Nach Beendigung der Hauptrotte (2 bis 4 Monate) wird das Material zur Nachrotte auf Miete gesetzt und mit Häcksel gut abgedeckt.

Diese Verfahrensweise wird in mehreren Kompostprojekten in Bielefeld mit Erfolg angewendet. In Abbildung 12 wird der Aufbau einer solchen Kompostkiste schematisch dargestellt. Sie kann mit ein wenig handwerklichem Geschick leicht nachgebaut werden.

Variante 2: Wenn als Kompostierverfahren das offene Mietenverfahren gewählt wird, muß ein Sammelgitter oder ähnliches als Anlaufstation für die anliefernden Teilnehmer aufgestellt werden. Das dort gesammelte Frischmaterial wird dann wöchentlich mit Strukturmaterial gemischt und an die Kompostmiete angesetzt. Die Miete wird sodann mit Strukturmaterial abgedeckt. Das weitere Mietenkompostierverfahren wurde bereits in Teil 2 beschrieben (vgl. *Kap. 9*). Das wöchentlich notwendige Aufsetzen des Frischmaterials erhöht natürlich den Betreuungsaufwand. Dieses Verfahren ist in Zürich weit verbreitet.

Variante 3: Wenn wegen ungünstiger räumlicher Voraussetzungen der Kompostplatz für die Teilnehmer nur schwer erreichbar ist, bietet es sich an, an zentralen Punkten Rolltonnen als Sammelgefäße aufzustellen. Diese dienen dann zur Aufnahme des Frischmaterials. Die Rolltonnen werden ein- bis zweimal die Woche zum Kompostplatz gezogen, in den Komposter eingefüllt bzw. auf Miete gesetzt und mit Strukturmaterial versetzt.

Dieses Verfahren hat neben dem höheren Betreuungsaufwand den Nachteil eines gewissen Bezugsverlustes der Teilnehmer zum Kompostierprozeß. Diese Variante wird zur Zeit in Pilotprojekten in Krefeld und Mönchengladbach erprobt.

Abb. 12: Schemazeichnung Kompostkiste[1]

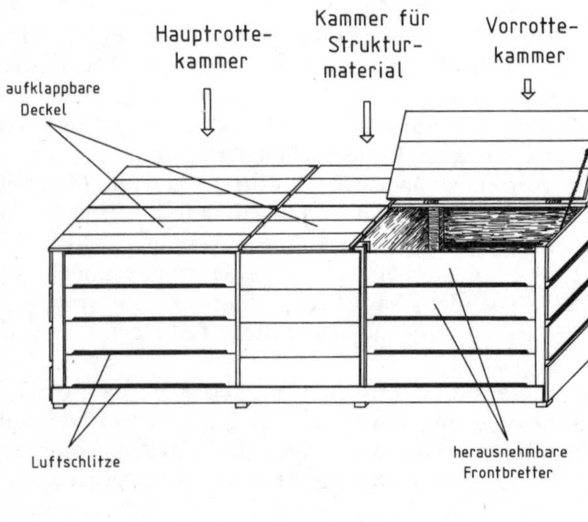

1 nach öVoR, verändert

Müllminderungspotential

Der Aufbau und die Betreuung von Gemeinschaftskompostgruppen erfordert eine hohe Qualifikation der Betreuer. Anders als bei Förderkampagnen zur Intensivierung der Gartenkompostierung können hier keine angelernten Beratungskräfte eingesetzt werden. Da festangestellte, qualifizierte Kompostberater für die Kommune vergleichsweise teuer sind – auch wenn sie aus dem Müllgebührentopf finanziert werden können –, sind der Personalaufstockung enge Grenzen gesetzt. Der begrenzende Faktor bei der Einführung der Gemeinschaftskompostierung ist demnach (zumindest mittelfristig) die Anzahl der Berater und nicht das Teilnehmerpotential der in Frage kommenden Haushalte. Die folgenden Abschätzungen des Potentials der Müllminderung fußen daher auf der Anzahl verfügbarer Berater.

Da die Einführung der Gemeinschaftskompostierung sehr betreuungsintensiv ist, müssen die Kompostgruppen Schritt für Schritt aufgebaut werden. Nach den Erfahrungen aus Bielefeld, wo zwischen-

Abb. 13: Gemeinschaftskompostierung – Aufbauphase (bei Einsatz von 5 Kompostberatern)

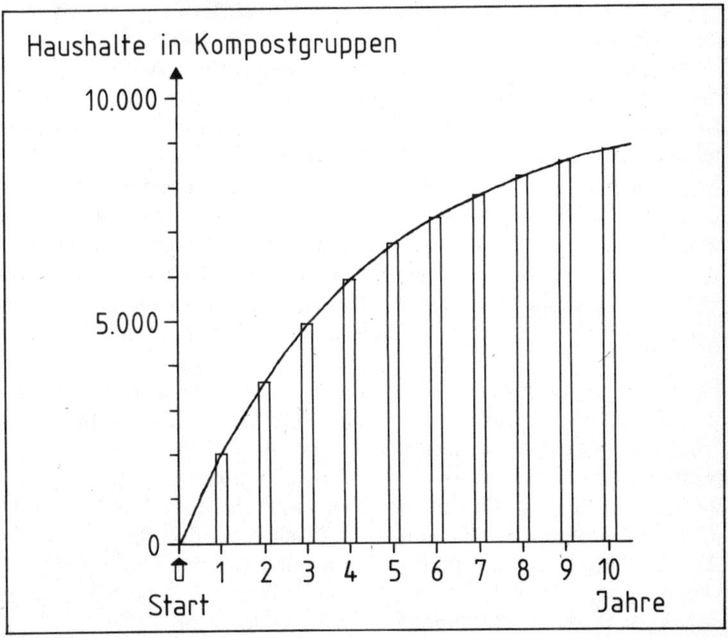

Tabelle 14: Müllminderung durch Gemeinschaftskompostierung

Rahmendaten:	100 000	Haushalte (Modellstadt)
	5	Kompostberater
	360	Kompostgruppen
	20–30	Haushalte/Kompostgruppe
	≈ 9000	teilnehmende Haushalte
	1	t Restmüll/Haushalt vor Beginn
	30	% Restmüllminderung
Restmüllminderung		2 700 t/Jahr
Müllminderungsquote[1]		3 %

[1] bezogen auf die Modellstadt

zeitlich freiberufliche Kompostberater die Ausführung übernommen haben, kann eine Beratungskraft in der Einführungsphase etwa 15 Kompostgruppen pro Jahr aufbauen und betreuen. Nach der Einführungsphase sinkt der Betreuungsaufwand erheblich. Der Aufbau neuer Gruppen verlangsamt sich im Laufe der Jahre mit zunehmender Anzahl bestehender Gruppen (vgl. Abb. 13), die ja extensiv weiter betreut werden müssen (bei gleichbleibender Betreueranzahl).

Angenommen, 5 Kompostberater werden für den Aufbau der Gemeinschaftskompostierung eingestellt oder freiberuflich beauftragt. Im ersten Jahr bauen 5 Berater ca. 75 Kompostgruppen mit rund 2000 teilnehmenden Haushalten auf (20–30 Haushalte/Gruppe). In jedem weiteren Aufbaujahr nimmt die Anzahl neu gegründeter Kompostgruppen ab, da ja die bestehenden Gruppen weiterbetreut werden müssen. Nach etwa 10 Jahren Aufbauarbeit ist die Kapazitätsgrenze von 5 Beratern erreicht; sie sind dann mit der Dauerbetreuung ausgelastet. In dieser Zeit haben sie schätzungsweise 360 Kompostgruppen mit rund 9000 teilnehmenden Haushalten ins Leben gerufen.

Infolge der sehr intensiven persönlichen Beratung ist davon auszugehen, daß die teilnehmenden Haushalte ihren Biomüll praktisch vollständig der Kompostierung zuführen. Eine Minderung des Restmülls von ca. 30 %, bezogen auf den teilnehmenden Haushalt, ist durchaus realistisch. Das entspricht 300 kg/Jahr, ausgehend von 1000 kg Restmüll pro Haushalt und Jahr. Nach Abschluß der 10jährigen Aufbauphase erzielen 9000 Haushalte eine jährliche Restmüllminderung von ca. 2700 t. In der o.g. Modellstadt mit 100 000 Haushalten entspricht dies einer Müllminderungsquote von rund 3 %.

Aufgrund fehlender Erfahrungswerte kann der Prozentsatz der potentiell für die Gemeinschaftskompostierung in Frage kommenden Haushalte nicht genau beziffert werden. Er ist abhängig von der Siedlungsstruktur, von den Eigentumsverhältnissen der benötigten Grünflächen und von sozialen Faktoren (die sich auf die Teilnahmebereitschaft auswirken). Mit 9000 teilnehmenden Haushalten dürfte jedoch das Potential in einer Stadt mit 100000 Haushalten nicht ausgeschöpft sein. Wie weit sich die Gemeinschaftskompostierung mit weiteren Beratern darüber hinaus ausbauen läßt, muß die Praxis erweisen.

Die Gemeinschaftskompostierung steht im Gegensatz zur Gartenkompostierung in direkter Konkurrenz zur Biotonne. Um die lange Einführungsphase zu überbrücken, ist es durchaus sinnvoll, in den ausgewählten Gebieten als Übergangslösung die Biotonne einzuführen. Diese wird dann später bei den Gemeinschaftskompostierern wieder zurückgenommen. Die nicht teilnahmebereiten Haushalte müssen sowieso als Alternative eine Biotonne bekommen.

Kosten

Die Personalkosten für 5 Kompostberater schlagen mit ca. 300000 DM/Jahr zu Buche. Hinzu kommen noch ca. 200000 DM/Jahr Sachmittel. Diesen 500000 DM/Jahr steht nach Abschluß der Aufbauphase eine Abfallverminderung von rund 2700 t/Jahr gegenüber.

Pro Tonne durch Gemeinschaftskompostierung verminderten Restmülls müssen nach dieser Modellrechnung ca. 185 DM aufgewendet werden. Dies liegt in der Größenordnung der Kosten des Biotonnensystems (170 DM/t; vgl. *Kap. 11*). Die Müllverbrennungskosten liegen mit 200 bis 400 DM/t deutlich höher. Während der 10jährigen Aufbauphase belaufen sich die durchschnittlichen Kosten auf ca. 260 DM pro Tonne Restmüllminderung.

Aus Sicht der Kommune ist es durchaus sinnvoll, zunächst mit 2 Kompostberatern (für die Gemeinschaftskompostierung) anzufangen. Nach einer Pilotphase von 1 bis 2 Jahren stehen dann genügend Daten und Erfahrungen über Akzeptanz, Kapazität der Berater, Finanzbedarf und Ausbaupotential als Grundlage für den weiteren Ausbau zur Verfügung.

Natürlich werden Kommunen bestrebt sein, die Gemeinschaftskompostierung mit geringerem personellen und finanziellen Aufwand zu propagieren. Wenn jedoch keine Berater zur Verfügung stehen, die die Haushalte direkt ansprechen und Kompostgruppen

Tabelle 15: Gemeinschaftskompostierung – Kosten

Kosten pro Jahr:		
5 Kompostberater à 60 000 DM		300 000 DM
Sachmittel		200 000 DM
Summe		500 000 DM
Kosten Restmüllminderung (nach der Aufbauphase)		185 DM/t
Restmüllminderung während der Aufbauphase:		
	Anzahl teilnehmender Haushalte (aufsummiert)	Restmüllminderung (pro Jahr)
Jahr 1	2 000	600 t
Jahr 2	3 600	1 080 t
Jahr 3	4 880	1 460 t
Jahr 4	5 880	1 760 t
Jahr 5	6 680	2 000 t
Jahr 6	7 320	2 200 t
Jahr 7	7 820	2 350 t
Jahr 8	8 220	2 470 t
Jahr 9	8 540	2 560 t
Jahr 10	8 800	2 640 t
Summe (10 Jahre)		19 120 t
Kosten während der Aufbauphase:		
Gesamtkosten (10 Jahre)		5 000 000 DM
Kosten Restmüllminderung		260 DM/t

initiieren, werden sich spontan nur wenige Gruppen zusammenfinden. Mangels Betreuungskapazitäten können Frustrationen und Fehlschläge nicht aufgefangen werden; viele Gruppen werden wieder zerfallen. Eine flächendeckende Umsetzung in größerem Umfang ist so ausgeschlossen.

Kommunale Verwaltungen zeichnen sich leider nicht unbedingt durch Experimentierfreudigkeit und Innovationsgeist aus. Deshalb ist die Wahrscheinlichkeit groß, daß eine kommunale Förderung der Gemeinschaftskompostierung rundweg abgelehnt wird. In diesen Fällen kann es sehr förderlich sein, wenn mit privat initiierten Vorbildprojekten die Machbarkeit dieses Modells vor Ort demonstriert wird. Ein funktionierendes Pilotprojekt bewirkt oft mehr als viele Worte und Anträge.

13. Besondere Zielgruppen

Die Gemeinschaftskompostierung ist ein vielschichtiges Metier; ein für alle Anwendungsfälle passendes Modell gibt es nicht. Für unterschiedliche Ausgangssituationen verschiedener Zielgruppen müssen variable Lösungsansätze gefunden werden.

Durch Überlappung von Zielgruppen können die anvisierten Haushalte auf mehreren Kanälen angesprochen werden. Wenn beispielsweise die Haushalte in einer Großwohnanlage in eine Kompostaktion eingebunden werden sollen, wirkt sich eine gleichzeitige Aktivierung der Kinder in der Schule mit Sicherheit sehr positiv auf die Teilnahmebereitschaft aus. Die folgenden 3 Beispiele beschreiben Zielgruppen, die einer gesonderten »Behandlung« bedürfen.

Mehrfamilienhäuser

Als besonderer Fall sind Mehrfamilienhäuser zu betrachten, die über einen für alle Parteien verfügbaren Garten oder begrünten Hof verfügen. Im Gegensatz zu Haushalten mit eigenem Garten besteht hier eine geringere Motivation zur Kompostierung, da Einflußmöglichkeiten und Zuständigkeiten nicht klar definiert sind. Das äußert sich zum Beispiel darin, daß keine Partei bereit ist, in Kompostiergerät zu investieren oder eine umlaufende Betreuung zu organisieren.

Anders sieht die Situation aus, wenn Kompostgerät, Hilfsmittel, Anleitung und Beratung von seiten der Kommune kostenlos zur Verfügung gestellt werden und darüber hinaus die Müllverminderung durch einen Gebührenanreiz (vgl. *Kap. 4*) belohnt wird. Ein solches Angebotspaket sollte ausreichen, die Gründung von Klein-Kompostgruppen in diesen Mietshäusern zu initiieren. Eine Informationskampagne für dieses Angebot muß gleichzeitig die Mieter und die Vermieter/Hausbesitzer ins Visier nehmen. Die Erfahrung zeigt, daß oft genug Kompostinitiativen umweltbewußter Mieter von starrhalsigen Vermietern im Keim erstickt werden.

Wegen der »teuren« Betreuungskapazität der Kompostberater sollte sich die Betreuung dieser Klein-Kompostgruppen auf eine einmalige Grundberatung bei der Aufstellung des Komposters beschränken. Die Pflege des Kompostes müssen die teilnehmenden Parteien unter sich regeln. Bei auftretenden Problemen können die Teilnehmer das Komposttelefon nutzen. Hilfsmaterialien, wie Häckselgut, werden nach Bedarf auf Abruf geliefert.

Als Kompostsysteme kommen offene oder geschlossene Komposter in Frage. Geschlossene Systeme werden eingesetzt, wenn wenig Platz vorhanden ist, oder wenn offener Kompost auf Akzeptanzprobleme stößt.

Schulen und Kindergärten

In den meisten Schulen und Kindergärten ist Platz für die Einrichtung eines Kompostes vorhanden. Als kompostierbare Abfälle fallen zum Beispiel Obstreste aus dem Pausenfrühstück, Kaffeefilter aus dem Lehrerzimmer, Küchenabfälle aus Lehr- und Verpflegungsküchen und Grünabfälle vom zugehörigen Gelände an. Diese Biomaterialien werden in separaten Behältern in den Klassenräumen, in der Küche usw. gesammelt. Für die Pflege des Kompostes können freiwillige Schülerarbeitsgruppen gebildet werden. Parallel dazu wird das Thema Kompostierung in den Fachunterricht (Biologie, Erdkunde, Sachkunde) eingebunden. So kann eine Verbindung zwischen Theorie und Praxis geschaffen werden.

Kommunale Kompostberater können als umweltpädagogischen Beitrag oder als Anstoß einzelne Unterrichtsstunden bestreiten. Das gleiche ist auch in Kindergärten möglich. Hier übernehmen die Erzieher/innen die Betreuung des Kompostes und beziehen die Kinder soweit wie möglich in die Arbeiten rund um den Kompost ein.

Als Kompostiersysteme sollten offene Komposter oder die Mietenkompostierung bevorzugt werden, weil bei diesen Verfahren der Rottevorgang besonders gut beobachtet werden kann. Die Grundausrüstung für die Kompostierung sowie zielgruppengerechte Infomaterialien sollten von der Kommune gestellt werden. Darüber hinaus können kommunale Kompostberater Fortbildungsseminare für Lehrer/innen und Erzieher/innen anbieten.

Der Zielgruppe Schulen und Kindergärten sollte aus umweltpädagogischer Sicht besondere Aufmerksamkeit gewidmet werden. Kinder sind viel aufgeschlossener und sensibler gegenüber Umweltschutzthemen als Erwachsene. Darüber hinaus sind sie leichter für aktives Handeln zu motivieren. Was sie in Schule oder Kindergarten gelernt haben, möchten sie natürlich auch zu Hause umsetzen. Da-

Oppumer Umwelt Initiative Krefeld, 20.09.90

Liebe Bewohner/innen des Hans-Böckler-Platzes 15-23 !

Wir freuen uns, daß Sie so eifrig sammeln und das die Kompostierung so gut angelaufen ist. Wie Sie sicherlich schon festgestellt haben, sind die Komposttstiege und die Vorratskiste für das Häckselgut neuerdings mit Deckeln bestückt worden. Dies haben wir gemacht, um Kompost und Häckselgut vor zuviel Nässe zu schützen.

Wenn das Material zu naß ist, wird die Luftzufuhr behindert.Das Häkselgut hat die Aufgabe, den Kompost locker und luftig zu halten. In diesem Zusammenhang möchten wir darauf hinweisen, daß das Häckselgut auch schon in der Sammeltonne zwischengeschichtet werden kann. So kann schon in der Tonne einer Fäulnisbildung vorgebeugt werden.

Ein durchweg positives Echo hat unser Kompostprojekt in der Lokalpresse gefunden. Hervorgehoben wird der Vorbildcharakter der Aktion. Eine Zusammenstellung des Presseechos finden Sie im Anhang.

Die Mitglieder der Oppumer Umwelt Initiative wechseln sich wöchentlich ab mit der Entleerung der Sammeltonnen und dem Aufsetzen des Kompostes. Dies geschieht meistens Mittwochs und Samstags. Da nicht alle Mitstreiter der Initiative "Kompost-Experten" sind, wollen wir am

Mittwoch, den 26. September um 18 Uhr

einmal gemeinsam den Kompost aufsetzen - damit jeder weiß, was dabei zu beachten ist. **Hierzu sind auch Sie herzlich eingeladen!** Wir sind sehr interessiert, welche Erfahrungen Sie bisher mit dem Biomüll-Sammeln gemacht haben: Hat die Müllmenge in Ihrem Abfalleimer abgenommen? Wie kommt die ganze Aktion bei Ihren Familienmitgliedern und Nachbarn an?

Am Mittwoch besteht die Gelegenheit zum Erfahrungsaustausch und zum Klönen über diese Dinge. Merken Sie sich den Termin schon mal vor!

Bis bald - Ihre Kompostruppe!

Ursula Hakes Beatrix Bos Frank Teubner

P.S. Wir haben beim Entleeren der Sammeltonnen doch einige Fremdstoffe (Glas, Plastik, etc.) aussortieren müssen. Wissen Sie, wie diese Fremdstoffe in den Kompost gekommen sind ?

Deswegen erhalten wir auch volle Unterstützung vom Stadtreinigungsamt (Abfallberaterin). Die Firma Schönmakers, die bisher die Biotonne in Wickrathberg eingeführt hat, spendiert unsere Biotonne. Das Grünflächenamt stellt kostenlos Holzhäcksel zur Verfügung.

Wir möchten, daß dieses vorbildhafte Projekt erfolgreich anläuft und bitten Sie, möglichst zahlreich teilzunehmen.

Wann geht's los ?

Am Samstag, den 10. November, bauen wir die Komposttstiege und stellen die Bio-Sammeltonne auf. Das ist auch der Startschuß für Sie, Ihren Biomüll zu sammeln! Als Sammelgefäß können Sie nach Belieben einen kleinen (Plastik)-Eimer (z.B. ehemaligen Farbeimer, Putzeimer, etc.) verwenden und zum Beispiel unter die Spüle stellen. Wir empfehlen, den Eimer alle 3-4 Tage zur Biotonne runterzubringen, weil sonst Geruch entstehen kann.

Wenn Sie Fragen oder Probleme haben, stehen Ihnen Herr Pospiech und Frau Solf-Warner als Ansprechpartner zur Verfügung.

Herzliche Grüße

Traute Solf-Warner **Stephan Pospiech** **Frank Teubner**

Rückseite: Beiblatt "Was kann kompostiert werden ?"
--> bitte aufbewahren !!!

Was ist Gemeinschaftskompostierung ?

Um auch Haushalten, die keinen eigenen Garten haben, die Möglichkeit zur Kompostierung zu geben, möchten wir in unserer Wohnanlage den Biomüll sammeln und auf einem kleinen Kompostplatz am hinteren Ende des Spielplatzes kompostieren. Nach den Erfahrungen aus Krefeld geht von dem Kompost keinerlei Geruchsbelästigung aus und Ungeziefer wird auch nicht angelockt.

Die ganze Sache funktioniert folgendermaßen:

Sie sammeln Ihren Biomüll (was dazugehört, siehe Rückseite!) in einem kleinen Eimer und bringen ihn alle 3-4 Tage zu der großen Biotonne, die wir direkt bei den Müllgroßbehältern aufstellen.

Wir fahren 1-2 mal die Woche die gefüllte Biotonne zum Komposter hinter dem Spielplatz. Dort wird der Biomüll mit Holzhäcksel gemischt und zum Rotten aufgesetzt. Nach der Vorrotte, die etwa 3-4 Monate dauert, wird der Rohkompost umgesetzt und rottet nochmals 3-5 Monate, bis er ausgereift ist.

Was passiert mit dem fertigen Kompost ?

Während der Rotte verliert der Kompost 70 Prozent seiner Masse. Was übrigbleibt, ist eine dunkelbraune lockere Humuserde, die wie frische Walderde riecht. Diese Komposterde kann z.B. als Blumenerde für Topfblumen und Balkonkästen verwendet werden. Weiterhin kann die Komposterde in den umliegenden Grünanlagen unter Bäumen, Hecken und Sträuchern als Bodenverbesserungsmittel ausgebracht werden.

"Abfall vermeiden - gut für Mönchengladbach"

Wir wollen über Abfallvermeidung nicht nur reden, sondern handeln! Kompostierung ist eine der einfachsten und effektivsten Methoden zur Abfallvermeidung. Das Projekt Gemeinschaftskompostierung in der Wohnanlage Barbarossastraße ist das erste seiner Art in Mönchengladbachund soll als Vorbild für viele gleichartige Projekte in anderen Mietshäusern und Wohnanlagen der Stadt stehen.

Projekt Gemeinschaftskompost in Mönchengladbach – Rundbrief

Mönchengladbach, 02.11.90

Aktion Gemeinschaftskompost

Liebe Bewohner/innen der Wohnanlage Barbarossastraße

Auf Anregung einiger Bewohner und mit voller Zustimmung der Hausverwaltung wollen wir für unsere Wohnanlage eine Gemeinschaftskompostierung für Bio-Küchenabfälle aufbauen.

Wir sind:
- Traute Solf-Warner (Bewohnerin),
- Stephan Pospiech (Hausmeister),
- Frank Teubner (Umweltberater in Krefeld).

Die positiven Erfahrungen einer gleichartigen Gemeinschaftskompostierung in Krefeld und die wohlwollende Unterstützung durch die Stadt Mönchengladbach haben uns Mut gemacht, dieses Projekt jetzt ab 10. November zu starten. Alle Bewohner/innen sind herzlich eingeladen, mitzumachen; natürlich ist die Teilnahme auf freiwilliger Basis.

Warum Kompostierung ?

Früher, als die meisten Haushalte noch Gärten bewirtschafteten, war das Kompostieren eine Selbstverständlichkeit. Der Kompost wurde als wertvolles Bodenverbesserungsmittel dringend gebraucht. Heute wandert der größte Teil der kompostierbaren Abfälle aus Küche und Garten in die Mülltonne und wird umweltfeindlich verbrannt oder deponiert. Dafür werden die Gärten mit Mineraldünger gedüngt und Torf aus den letzten Hochmooren wird auf die Beete gebracht.

Mehr als 30 Gewichtsprozent des Hausmülls sind kompostierbare organische Abfälle. Die Kompostierung ist die Methode der Wahl, um umweltschonend den Abfallberg zu verkleinern. Sie ist gleichzeitig ein funktionierender Kreislaufprozeß, bei dem organische Abfälle der Natur als Bodenverbesserungsmittel zurückgegeben werden. Auf diese Weise werden Mineraldünger, Torf und Blumenerde eingespart. Die Müllabfuhr und die Deponien werden entlastet.

durch erhalten indirekt auch die Familienmitglieder zu Hause einen zusätzlichen Anstoß zum Kompostieren. Schulen und Kindergärten sollten gezielt und flächendeckend angesprochen und für die Kompostierung gewonnen werden.

Betriebe, Verwaltungen und Büros

Daß Kommunen, die die Kompostierung propagieren, in ihren Verwaltungsorganen als öffentliches Vorbild selbst kompostieren, ist wohl eine Selbstverständlichkeit – oder? Leider sind Verwaltungen in aller Regel noch meilenweit davon entfernt. Oft wird noch nicht einmal Papier sauber getrennt gesammelt. Das gleiche gilt für Banken, Versicherungen, Handels- und Gewerbebetriebe. Produktionsbedingte Bioabfälle oder Großküchenabfälle mal ausgeklammert, fallen in all diesen Betrieben und Büros Bioabfälle (Obstreste, Kaffeefilter, Teebeutel, Topfpflanzenreste usw.) an.

Überall, wo Grünflächen für die Aufstellung eines Komposters vorhanden sind, kann eine Gemeinschaftskompostierung eingerichtet werden. Die Auswahl der Kompostiersysteme richtet sich nach den jeweiligen lokalen Gegebenheiten; in Frage kommen alle in *Teil 2* beschriebenen Verfahren. Die Hauptschwierigkeit ist, eine saubere Getrenntsammlung der Bioabfälle zu organisieren und freiwillige Verantwortliche für die Betreuung des Kompostes zu finden. Denkbar ist in einigen Fällen auch, daß Hausmeister oder für die Pflege der Grünflächen verantwortliche Gärtnereien sich um den Kompost kümmern.

Hier ist ein reiches Betätigungsfeld für Kompostberater, Informations- und Motivationskampagnen durchzuführen und Organisationskonzepte zur Getrenntsammlung zu entwerfen. Auch in diesem Bereich können – wie bei Schulen und Kindergärten – auf einer zweiten Schiene Bürger angesprochen werden, die über andere Förderkonzepte noch nicht erreicht wurden.

14. Zusammenfassung und Bewertung

In der abschließenden Bewertung werden die wichtigsten Ergebnisse der in Teil 3 beschriebenen Modelle stichpunktartig zusammengefaßt und im Zusammenhang mit der insgesamt erreichbaren Müllminderung eines ökologisch orientierten Abfallkonzeptes beleuchtet.

Kosten / Nutzen-Relation der vorgestellten Modelle

- Mit einer intensiven Beratungs- und Motivationskampagne im Verbund mit einem Paket finanzieller Anreize kann die Eigenkompostierung gartenbesitzender Haushalte weit mehr als mit der heute üblichen Öffentlichkeitsarbeit aktiviert werden.
- Das vorrangige Ziel der Förderung ist es, die vorhandene Eigenkompostierung zu intensivieren und bei Einführung der Biotonne eine Verlagerung von Gartenabfällen aus der Eigenkompostierung in die Biotonne zu verhindern.
- Allein durch Intensivierung der Eigenkompostierung ist in einem Zeitraum von 3 Jahren eine Minderung des Restmülls um ca. 15% in gartenreichen Siedlungsgebieten möglich. Im Verbund mit der Biotonnensammlung auf freiwilliger Basis ist insgesamt eine Minderung des Restmülls um ca. 27% erzielbar. Bezogen auf die in Teil 3 zugrunde gelegte Modellstadt mit 100000 Haushalten entspricht dies einer Müllminderung von 9%.
- Die Kosten für die Förderung der Eigenkompostierung liegen bei 90 DM pro Tonne Restmüllminderung. Für ein kombiniertes Modell Eigenkompostierung/Biotonne betragen die Kosten 150 DM/t. Im Vergleich mit dem kombinierten Modell verursacht die alleinige Einführung der Biotonne in gartenreichen Siedlungsgebieten bei gleich hoher Müllminderung Kosten von 235 DM pro Tonne Restmüllminderung.
- Bei der Gemeinschaftskompostierung stehen neben abfallwirtschaftlichen Aspekten mindestens gleichrangig umweltpädagogische Ziele im Vordergrund. Die Teilnehmer an den Kompostgruppen – und besonders deren Kinder – erhalten einen *erlebbaren* Bezug zu natürlichen Stoffkreisläufen und eine Zugriffsmöglichkeit auf ihr entfremdetes Wohnumfeld. Die Kommune gewinnt durch

den intensiven Beratungseinsatz Kontakt zu den sonst in Umweltschutzdingen schwer ansprechbaren Bewohnern von Mietshäusern und Großwohnanlagen. Dieser direkte »Draht« ist langfristig vielseitig nutzbar für Aufklärung und Motivation im kommunalen Umweltschutz.

- Das Modell der Gemeinschaftskompostierung ist beratungsintensiv und zeitaufwendig. Mit dem Einsatz von 5 Kompostberatern lassen sich nach einer 10jährigen Aufbauphase ca. 9000 Haushalte in Kompostgruppen einbinden. Auf die Modellstadt bezogen ist damit eine Restmüllminderung von ca. 3 % zu erzielen.
- Die Gemeinschaftskompostierung ist während der Aufbauphase mit durchschnittlich 260 DM pro Tonne Restmüllminderung vergleichsweise teuer. Langfristig liegen die Kosten mit 185 DM/t nur unwesentlich über den Systemkosten der Biotonne (170 DM/t).
- Im Gegensatz zur Förderung der Eigenkompostierung, wo die Größenordnung der erreichbaren Müllminderung in einem großflächigen Versuch nachgewiesen wurde (im Landkreis München), muß die prognostizierte Müllminderung durch Gemeinschafts-

Abb. 14: Biomüllverwertung mittelfristig – Prognose

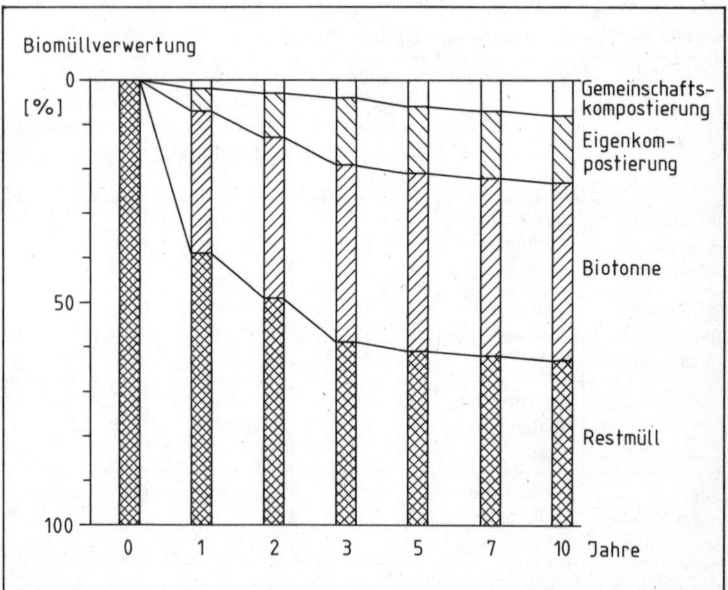

kompostierung noch in der Praxis bestätigt werden. Die bisher bekannten Pilotprojekte in der Bundesrepublik bieten noch keine ausreichende Datengrundlage. Die in Zürich erzielten Erfolge mit dem »Quartierskompost«, wie die Gemeinschaftskompostierung dort genannt wird, deuten jedoch darauf hin, daß die Prognose nicht zu hoch angesetzt ist.

- Den o.g. Kosten der drei Varianten der Biomüllverwertung (Eigenkompostierung, Gemeinschaftskompostierung, Biotonne) sind jeweils die Ersparnisse gegenüberzustellen, die durch Verminderung des zu beseitigenden Restmülls erzielt werden. Die Restmüllkosten (Sammlung, Deponierung/Verbrennung) liegen zur Zeit oft noch unter 100 DM/t, werden aber schon in naher Zukunft auf Werte von 200–400 DM/t klettern. Spätestens dann sind alle Verfahren der Biomüllverwertung auch betriebswirtschaftlich rentabel. Abgesehen vom Kostenvorteil spart jede Tonne verwerteten Biomülls wertvollen Deponieraum und hilft, die vorhandenen Entsorgungskapazitäten zu strecken. Einen Zusatznutzen erzielt die Kommune durch die infolge der Biomüll-Beratungskampagnen zusätzlich aktivierten Vermeidungs- und Verwertungsaktivitäten bei anderen Müllfraktionen.

Tabelle 16: Biomüllverwertung – Kosten/Nutzen

Modell	Einsatzgebiet	Müllminderung im jeweiligen Einsatzgebiet %	Müllminderung bezogen auf Modellstadt %	Kosten Restmüllminderung (DM/t)
Förderung Eigenkompostierung	gartenreiche Siedlungsgebiete	15	5	90
Eigenkompostierung + Biotonne	gartenreiche Siedlungsgebiete	27	9	150
nur Biotonne	gartenreiche Siedlungsgebiete	26	9	235
Gemeinschaftskompostierung	gartenarme Gebiete mit Grünflächen	8	3	185 (260)[1]

[1] während der Aufbauphase

Tabelle 17: Verwertungspotentiale – Prognose

Stoff	Verwertungs-verfahren	Müllanteil im Hausmüll[1] %	davon zu verwerten %	Restmüll-minderung[1] %
Biomüll	Eigenkomp. Gemein.-komp. Biotonne[2]	33	65	5 3 14
Glas	Container (Holsystem)	12	70	8
Papier	Holsysteme Container	20	50	10
Sonstiges[3]	Container Holsysteme	?	?	2
Summe:	–	–	–	42

[1] bezogen auf die Modellstadt;
[2] Bei Einsatz in allen Siedlungsgebieten;
[3] Weißblech, Kunststoffe etc.

Biomüllverwertung als Baustein eines ökologischen Abfallkonzeptes
Mit einem mittelfristigen Potential von insgesamt 22% Müllminderung ist der Biomüllverwertung ein hoher Stellenwert in allen Strategien zur Müllminderung beizumessen. Um diesen Wert zu erreichen, ist neben der Förderung von Eigen- und Gemeinschaftskompostierung ein flächendeckendes Angebot der Biotonne in der gesamten Stadt (auf freiwilliger Basis) erforderlich. Der Stellenwert des Glas- und Papierrecyclings wurde bereits in *Teil 1* umrissen (vgl. *Kap. 2*).

Insgesamt läßt sich mittelfristig ein Müllminderungspotential von schätzungsweise 42% der heutigen Hausmüllmenge ausschöpfen. Hinzu kommen noch ca. 6% Müllminderung durch Abfallvermeidung im Verpackungsbereich, die durch intensive Abfallberatung nach dem Kölner Modell erzielt werden können (vgl. *Kap. 2*).

Tabelle 18 zeigt, wie sich aus Sicht der Kommune das Potential zur Müllminderung in Vermeidung und Verwertung gliedert:

Die abfallgesetzliche Forderung (Nordrhein-Westfalen) nach 15% Vermeidung und 30% Verwertung bis zum Jahr 2000 wäre somit erfüllbar, vorausgesetzt, die nötigen Maßnahmen werden innerhalb der nächsten 1 bis 2 Jahre konsequent eingeleitet.

Tabelle 18: Müllminderungspotential[1] bis zum Jahr 2000

Vermeidung:	im Verpackungsbereich	6%
	Eigenkompostierung	5%
	Gemeinschaftskompostierung	3%
Summe		14%
Verwertung:	Biomüll (Biotonne)	14%
	Glas	8%
	Papier	10%
	Sonstiges	2%
Summe		34%
Müllminderung gesamt:		48%

[1] bezogen auf die Modellstadt

Während die Verwertungsbemühungen im Bereich Glas und Papier damit an eine Obergrenze stoßen, liegt im Biomüllbereich noch ein weiteres Minderungspotential. Die Gemeinschaftskompostierung läßt sich mit mehr Beratungspersonal noch ausweiten, und die Biomüllerfassung mit der Biotonne kann z. B. durch Anschlußzwang noch ausgebaut werden. In kleineren, ländlich strukturierten Gemeinden sind die Voraussetzungen für die Gartenkompostierung günstiger. Hier kann der Anteil der Eigenkompostierung höher ausfallen als in der Modellstadt.

Langfristig kann (und muß) die Abschöpfung des Biomülls aus dem Restmüll auf über 80 % gesteigert werden. Auch die Vermeidung von Verpackungsmüll kann langfristig weit über die angepeilten 6 % hinaus ausgebaut werden. Da diese Vermeidung nur in Zusammenhang mit deutlichen Änderungen der Konsumgewohnheiten möglich sein wird, ist hier langjährige intensive Beratungsarbeit erforderlich. Außerdem müssen die vermeidungsfeindlichen Rahmenbedingungen durch Gesetzesinitiativen (Verbote, Zwangspfänder, Verpackungssteuern etc.) und Umorientierung der Konsumgüterhersteller (abfallarme Produkte) beseitigt werden.

Der Biomüll bietet den Kommunen und Privathaushalten kurz- und mittelfristig die ergiebigsten Möglichkeiten zur Müllverminderung. Dabei sind Eigenkompostierung und Gemeinschaftskompostierung die ökonomisch und ökologisch sinnvollsten Methoden der Verwertung von Biomüll. Sie binden die Bürger in die Verantwortung für die Abfallentsorgung ein, dienen als Lehrbeispiel für natür-

Abb. 15: Vermeidung und Verwertung bis zum Jahr 2000 und 2010 – Prognose

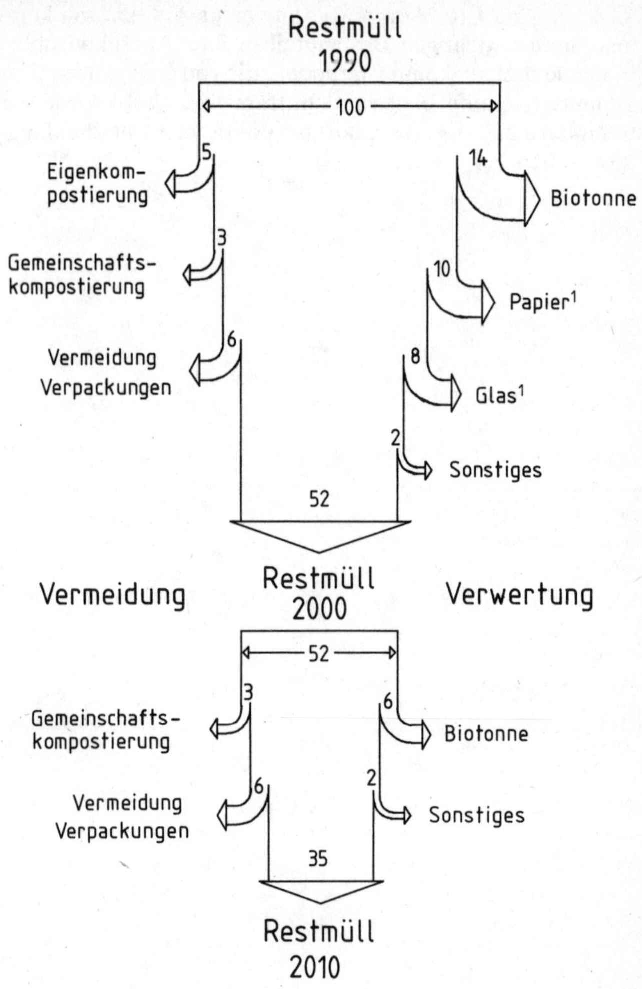

1 inklusive bisheriger Verwertung

liche Stoffkreisläufe und bilden einen Kristallisationspunkt für umweltgerechtes Handeln im Alltag.

Es bleibt zu hoffen, daß Städte, Kreise und Gemeinden in Zukunft der Förderung der Eigenkompostierung mehr Aufmerksamkeit widmen und sie als wichtigen Bestandteil in ihre Abfallkonzepte einbauen. Gemeinschaftskompostgruppen, die von engagierten Bürgern in Eigeninitiative aufgebaut werden, tragen als Vorbildprojekte mit Sicherheit dazu bei, die Akzeptanz bei politischen Entscheidungsträgern zu erhöhen.

Anhang

Literatur

AGöF – Arbeitsgemeinschaft ökologischer Forschungsinstitute (Hrsg.): Abfallvermeidung – Stand und Perspektiven, Raben Verlag, München 1988

Chantelau, F., Donat, U., von Paczensky, C., Pieper, A., Reichenbecher, I.: Rechtliche und praktische Möglichkeiten der Anpassung von Müllgebühren an die Ziele der Abfallvermeidung und -trennung am Beispiel Bremen, Bremer Umwelt Beratung, Walsroder Str. 12–14, 2800 Bremen, Bremen 1989
Untersuchung von Varianten zur Gestaltung der Müllgebühren als Anreizinstrument, um Vermeidung und Verwertung zu fördern; Auswertung von Varianten aus dem gesamten Bundesgebiet.

Institut für ökologisches Recycling (Hrsg.): Abfall vermeiden – Leitfaden für eine ökologische Abfallwirtschaft, Fischer Taschenbuch Verlag, Frankfurt a.M. 1989

Koch, T. C., Seeberger, J., Petrik, H.: Ökologische Müllverwertung – Handbuch für optimale Abfall-Konzepte, C. F. Müller Verlag, Karlsruhe 1986

Kusmierska, E.: Umweltlernen am Beispiel der Eigenkompostierung, öVoR, August-Bebel-Str. 16–18, 4800 Bielefeld, Bielefeld 1989
Erörterung von didaktischen, psychologischen und sozialen Aspekten bei der Gemeinschaftskompostierung; Beschreibung eines konkreten Versuchsprojektes.

Peters, J., Wiegel, U.: Dezentrale Kompostierung von Küchen- und Gartenabfällen in dichtbesiedelten Wohngebieten – Abschlußbericht, Freie Universität Berlin, Berlin 1986
Vergleichende Untersuchung der Kompostierung von Küchenbiomüll mit verschiedenen handelsüblichen Kleinkompostern.

Wiegel, U.: Möglichkeiten der Intensivierung der Eigenkompostierung am Beispiel des Landkreises München – Endbericht, Ingenieurgemeinschaft Technischer Umweltschutz GmbH, Berlin 1990
Wissenschaftlich begleitetes Pilotprojekt zur Förderung der Eigenkompostierung in gartenreichen Stadtrandgebieten und in ländlich strukturierten Siedlungsgebieten.

Glossar

Abfall	umfaßt alle Reststoffe aus Industrie, Handel, Gewerbe, Bergbau, Landwirtschaft und Haushalten, die nicht unmittelbar weiterverwendet werden
Müll	Sammelbegriff für Hausmüll, hausmüllähnliche Gewerbeabfälle, Sperrmüll und Straßenkehricht; im Prinzip alles, was von der Müllabfuhr erfaßt wird
Hausmüll	Abfälle, die von Privathaushalten in Müllbehältern zur Abfuhr bereitgestellt werden
Restmüll	Abfälle, die unsortiert zur Abfuhr bereitgestellt werden und nicht mehr für die Wiederverwertung zur Verfügung stehen; diese vermischten Abfälle können i. d. R. nur noch deponiert oder verbrannt werden
Biomüll	kompostierbare, organische Abfälle aus Haus (Küche) und Garten
Müllminderung	Minderung der Restmüllmenge durch Getrenntsammlung und Wiederverwertung von Abfällen (Wertstoffen); hierzu zählt auch die Kompostierung
Müll-/Abfallvermeidung	Vermeidung des Entstehens von Abfällen; z. B. Vermeidung von Verpackungsmüll durch Kauf von verpackungsarmen Gütern (Mehrwegverpackungen etc.)
Recycling	»Zurückführen in den Kreislauf«; Wiederverwertung von Abfallstoffen
Eigenkompostierung	Kompostierung von Biomüll durch die Verursacher direkt vor Ort, i. d. R. im eigenen Garten
Gemeinschaftskompostierung	gemeinschaftliches Kompostieren einer Gruppe von Haushalten auf einem kleinen Kompostplatz in unmittelbarer Nähe zu den Wohnungen; Sonderfall der Eigenkompostierung